■■■■■■■■■ ■ 006
클래식그림씨리즈

건축4서

클래식그림씨리즈 그림이 구축한 문명, 고전으로 만나다

건축4서
I quattro libri dell'architettura

클래식그림씨리즈 006

초판 1쇄 인쇄 2019년 4월 20일
초판 1쇄 발행 2019년 4월 30일

지은이   안드레아 팔라디오
해 설   정태남
펴낸이   김연회
주 간   박세경
편 집   서미석

펴 낸 곳   그림씨
출판등록   2016년 10월 25일(제2016-000336호)
주   소   서울시 마포구 월드컵북로 400 문화콘텐츠센터 5층 23호
전   화   (02) 3153-1344
팩   스   (02) 3153-2903
이 메 일   grimmsi@hanmail.net

ISBN 979-11-89231-17-0 04540
ISBN 979-11-960678-4-7 (세트)

이 도서의 국립중앙도서관 출판예정도서목록(CIP)은 서지정보유통지원시스템
홈페이지(http://seoji.nl.go.kr)와 국가자료공동목록시스템(http://www.nl.go.kr/kolisnet)에서
이용하실 수 있습니다.(CIP제어번호: CIP2019010241)

■■■■■■■■■■■■■ 006
클래식그림씨리즈

건축4서

I quattro libri dell'architettura

안드레아 팔라디오 지음
정태남 해설

그림씨

이탈리아 건축사, 작가

정태남

최후의 진정한
르네상스 건축가
팔라디오

안드레아 팔라디오Andrea Palladio(1508~1580)는 이탈리아 역사에서 가장 위대한 건축가 중 한 사람으로 후세에 막대한 영향을 주었다. 직접 설계한 건축 작품만으로도 팔라디오는 건축사에서 매우 중요한 위치를 차지하고 있지만, 생의 후반에 저술한《건축4서*I quattro libri dell'architettura*》는 그에게 더욱 더 큰 명성을 안겨 주었다.

팔라디오는 미켈란젤로(1475~1564)보다 33년 뒤에 태어나 미켈란젤로가 활동하던 시대를 살았다. 화가, 조각가는 물론 뛰어난 건축가이기도 했던 미켈란젤로의 건축은 로마와 피렌체에만 국한되어 있는 반면, 팔라디오의 건축은 북부 이탈리아의 베네토Veneto 지방의 비첸차Vicenza, 또 그 주변과 베네치아Venezia에 널리 퍼져 있으며 현재까지도 잘 보존되어 있다.

산 조르조 마조레 성당의 건축가 팔라디오

르네상스 건축은 15세기 전반 피렌체에서 건축가 필립포 브루넬레스키Filippo Brunelleschi(1377~1446)에 의해 꽃피기 시작한 이래로 16세기에 로마에서 단아한 고전주의 양식으로 발전하였고, 이탈리아 전역으로 파급되어 여러 가지 모습으로 발전하였다. 그중에서도 건축적으로 가장 풍부한 결실을 맺은 곳이 베네치아 공화국이다. 피렌체와 로마를 거쳐 베네치아에 와서 활동하던 건축가 야코포 산소비노Jacopo Sansovino(1486~1570)가 사망한 이후, 베네치아에서 가장 위대한 건축가로서의 명성을 굳힌 인물이 바로 팔라디오다.

베네치아에서 가장 눈에 띄는 팔라디오의 건축 작품은 1565년

팔라디오가 1565년에 설계한 산 조르조 마조레 성당.

로마제국 초대 황제 아우구스투스에게《건축에 대하여》를 설명하는 비트루비우스(오른쪽)를 1684년에 묘사한 그림.

에 설계한 산 조르조 마조레San Giorgio Maggiore 성당이다. 산 마르코 대광장과 팔랏쪼 두칼레Palazzo Ducale를 마주하며 바다 건너편 섬에 세워진 이 성당은 정면이 마치 고대 로마의 신전을 두 개 겹쳐 놓은 듯하다. 베네치아의 시각적인 스카이라인을 완전히 바꾸어 놓은 이 성당은 계절과 날씨에 따라 모습이 극적이면서도 우아하고 기묘하게 보이며 예술적인 매력을 선사한다.

팔라디오는 다작의 건축가였다. 사실 르네상스 건축가들 중에서 팔라디오만큼 많은 건축 작품을 남긴 건축가는 찾아보기 힘들다. 그럼에도 그는 똑같은 작업을 절대로 되풀이하지 않았다. 건축 계획안 하나하나 그 자체가 하나의 작은 세계나 다름없었다. 이러한 팔라디오에게 무한한 영감을 주었고 또 엄청난 영향을 끼친 것은 고전 건축, 즉 고대 그리스와 로마의 건축이었다. 또한 그를 고전 건축의 세계로 이끈 진정한 인도자이자 스승은 기원전 1세기의 인물 비트루비우스Vitruvius 였다. 비트루비우스는 《건축에 대하여De Architectura》의 저자이다.

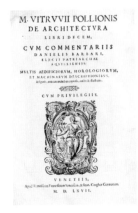

비트루비우스의 《건축에 대하여》.
이 책은 국내에서 《건축10서》로 알려져 있다.

고전 건축의 세계로 이끈
《건축10서》의 작가 비트루비우스

비트루비우스는 자신의 방대한 저작물을 아우구스투스 황제에게 헌정했다는 사실 외에는 생애에 대해 알려진 것이 거의 없다. 하지만 고대 유일의 건축서인 그의 저서 《건축에 대하여》는 고대의 도시계획과 건축 일반뿐 아니라 건축재료, 신전, 극장·목욕탕 등 공공건물, 개인건물, 시계, 측량법, 천문학, 군사용 도구 등 건축기술과 관련한 거의 모든 것과 역사적인 것, 미학적인 것도 집대성한 일종의 고전 건축 대백과사전으로 후세에 지대한 영향을 끼쳤다. 이 책은 10권으로 구성되어 있는데, 국내에서는 《건축10서》라고 번역되어 있다.

《건축10서》를 쓴 것은 수도교, 콜로세움, 판테온 같은 로마제국의 대표적인 건축물이 세워지기 훨씬 이전인 로마 공화정 말기와 로마제국 초기였다. 그렇기 때문에 비트루비우스가 참조했던 것은 자신의 오랜 실무경험과 헤르모게네스Hermogenes와 같은 그리스 건축가들의 이론과 그리스 건축이었다. 비트루비우스는 자신의 저서에서 이탈리아 동해안의 도시 파눔Fanum(현재 도시명은 파노Fano)에 바실리카Basilica(공회당)를 직접 세웠다고 하였는데, 이를 보면 비트루비우스는 실무경험이 풍부한 건축가였음에 틀림없다. 유감스럽게도 이 바실리카는 현재 전혀 남아 있지 않다.

한편 비트루비우스는 건축 구조는 세 가지의 기본적인 본질, 즉 견고함firmitas과 유용성utilitas, 아름다움venustas을 갖추어야 한다고 했다. 또 그에 따르면 건축이란 자연의 모방이라는 것이다. 새가 둥지를 짓고 벌이 집을 짓듯이, 인간도 자연으로부터 얻은 재료로 거주 공간을 만들었으며 이런 기술을 더욱 완벽하게 하기 위해 그리스인들은 도리스Doris식, 이오니아Ionia식, 코린토스Korinthos식이라는 세 가지 종류의 오더를 만들었다는 것이다. 이는 인간으로 비유하면 도리스 양식은 남성적virilis인 느낌을, 이오니아 양식은 여성적muliebris인 느낌을, 코린토스 양식은 소녀나 처녀virginalis를 연상하듯 가볍고 날렵한 느낌을 준다고 했다.

고전 연구의 열풍이 불던 1415년경에 스위스 장크트 갈렌Sankt Gallen 수도원 도서관에서 상당히 정확한 비트루비우스의 《건축10서》

필사본이 발견됨으로써 큰 반향이 일었다. 사실 후세에 펼쳐질 건축의 흐름에 비추어 보면 이는 엄청난 발견이었다. 하지만 도판이라고는 하나도 없었고, 라틴어로 또는 라틴어와 그리스어가 혼합된 이해할 수 없는 전문 용어들 때문에 완전히 이해하기가 힘들었다.

그럼에도 《건축10서》는 폐허로 남은 고대 건축의 원래 모습을 도면으로 복원하고 싶어 하는 열정이 넘치는 건축가들과 학자들에게 좋은 정보를 제공해 주었다. 고전 문화의 부활에 가장 중요한 역할을 했던 인물 중, 인문주의자이며 건축을 비롯하여 여러 방면에 뛰어났던 레온 밧티스타 알베르티Leon Battista Alberti(1404~1472)도 그중 한 사람이었다. 알베르티는 비트루비우스의 영향을 받아 1452년에 라틴어로 르네상스 최초의 건축서 《건축론De re Aedificatoria》을 쓴 사람이다. 이 《건축론》은 엘리트들을 대상으로 한 책으로 권력의 이미지를 만드는 데 있어서 고전 건축이 지닌 가치를 강조했다.

15세기 중반 이후 건축서 저자들은 《건축10서》에서 번역한 것을 자기들의 저서에 주석으로 달아 좀 더 읽기 쉽게 만들려고 건축에 대해 새로운 글을 쓸 때 비트루비우스의 글을 인용하거나 주해를 첨가했으며, 비트루비우스가 그랬던 것처럼 자신들이 직접 설계한 건축물을 예로 들기도 했다. 팔라디오의 《건축4서》는 후자의 경우에 해당한다. 물론 이런 종류의 저서는 팔라디오가 최초로 시도한 것은 아니다. 또 비트루비우스의 책이 10권인 데 비해, 《건축4서》는 4권에 불과하니 분량으로 봐도 건축의 모든 것을 총망라하는 것은 아니다.

《건축론》. 알베르티의 사후 1550년에 피렌체에서 출간되었다.

레온 밧티스타 알베르티. 다방면에 뛰어났던 이탈리아의 건축가·인문주의자로 저서에 《건축론》, 《조각론》, 《회화론》 등이 있다.

팔라디오 양식, 팔라디오 열풍

팔라디오는《건축4서》의 제4권에서 다음과 같이 서술하고 있다.

> 교황 율리우스 2세 재위 기간 동안 현대에 가장 탁월한 건축가이자
> 고대 건축의 위대한 관찰자인 브라만테가 로마에서 매우 아름다운
> 건축물을 세웠다. 그의 뒤를 이어 미켈란젤로 부오나로티, 야코포 산
> 소비노, 발다사레 다 시에나, 안토니오 다 상갈로, 미켈레 산미켈리,
> 세바스티아노 세를리오, 조르조 바자리, 자코모 바롯찌 다 비뇰라,
> 레오네 레오니가 등장했다. 우리는 로마, 피렌체, 베네치아, 밀라노
> 등 이탈리아의 많은 도시에서 이들이 세운 경이로운 건축물들을 확
> 인할 수 있다.

팔라디오가 열거했듯이 유명한 르네상스 건축가들은 많다. 그
러나 팔라디오는 후세에 자신의 건축과 저서를 이상적인 규범으로
삼는 양식인 팔라디아니즘Palladianism, 즉 '팔라디오주의' 또는 '팔라
디오 양식'이란 표현이 나올 정도로 명성이 이탈리아의 경계와 시
대를 넘어섰다. 그것이 가능했던 것은 바로《건축4서》덕분이기도
했다.

16세기에 들어《건축4서》가 출판되기 이전에 이탈리아에
서 출판된 주요 건축서로는 세바스티아노 세를리오Sebastiano Serlio
(1475~1554)의《건축7서I sette libri dell'architettura》(1537년 이후)와 자코모 바
롯찌 다 비뇰라Giaccomo Barozzi da Vignola(1507~1573)의《건축의 5가지

오더《_Regola delli cinque ordini d'Architettura_》(1562년) 등이 있다. 이러한 저서들이나 팔라디오의《건축4서》이후에 출간된 책들과는 달리,《건축4서》는 글이 명쾌하였으며, 게다가 정확하게 그려진 다양하면서도 풍부한 도판(도판은 모두 목판본임)은 누구나 쉽게 다가갈 수 있게 만드는 큰 장점이 있다. 이것이야말로 건축에 대한 역사상 최초의 대중서인 것이다.

팔라디오가 세상을 떠난 뒤 이탈리아어로 된《건축4서》에 완전히 매료된 영국인이 있었다. 그의 이름은 이니고 존스Inigo Jones (1573~1652). 그는 원래 무대 및 무대의상 디자이너였으나 건축가로서 활동하기 시작하여 팔라디오의 건축을 접한 뒤, 본격적인 팔라디오 양식을 따르는 영국 최초의 르네상스 건축가였다. 이리하여 영국은 이탈리아 다음으로 비트루비우스와 팔라디오가 추구한 이상을 담은 건축양식을 받아들인 나라가 되었다.

영국뿐만이 아니다.《건축4서》는 여러 나라 언어로 번역되어 판을 거듭하면서 알프스 산맥 너머 북쪽으로 이탈리아 르네상스 건축에 관한 지식을 전파하고 또 팔라디오의 건축을 홍보하는 역할을 했다. 이리하여 18세기에는 '팔라디오 양식'이 영국으로부터 러시아, 스칸디나비아, 북아메리카 등지로 퍼져 나갔다. 특히 건축가이기도 했던 미국의 제3대 대통령 토머스 제퍼슨Thomas Jefferson (1743~1826)은《건축4서》를 경전처럼 여겼고 팔라디오 양식의 건축물을 설계하기도 했다. 이처럼 팔라디오는 르네상스 건축가 중 유일하게 자신의 이름을 내건 양식을 갖게 되었으며 그의 영향은 아직까지도 지속되고 있으니 그야말로 최후의 진정한 르네상스 건축가였던 셈이다.

팔라디오의 건축물들

팔라디오가 설계한 건축물이 몰려 있는 곳
은 이탈리아 반도 북동쪽의 베네토 주인
데, 이곳의 수도가 바로 베네치아다. 파도바
Padova, 비첸차, 베로나Verona와 같은 베네토
주의 주요 도시들은 팔라디오가 살던 시대
에는 베네치아 공화국의 속령이었고 그 주
변 시골은 베네치아와 비첸차의 귀족들이
농지를 소유하고 있었다. 베네치아에서 서
쪽 약 70킬로미터에 위치한 비첸차와 그 주
변에는 팔라디오의 건축 작품이 많이 남아
있다.

1 빌라 고디Villa Godi, 1542년.
2 빌라 가촛티 마르첼로 쿠르티Villa Gazzotti Marcello Curti,
1555년.
3 빌라 발마라나Vila Valmarana, 1540년경.
4 빌라 티에네Villa Thiene, 1542년 이후.
5 빌라 키에리카티Villa Chiericati, 1584년(사후 완공).

6 빌라 피자니Villa Pisani, 1545년.
7 빌라 포야나Villa Poiana, 1549년.
8 빌라 사라체노Villa Saraceno, 1540년대.
9 빌라 피자니Villa Pisani, 1555년.

팔라디오가 베네토에 지은 빌라들

바싸노 델 그랍파

13

1

14

트레비조

17

3

4

12

첸차

2

5

16

메스트레

파도바

11

베네치아

8

7

9

몬타냐나

10

로비고

팔라디오가 비첸차에 지은 건축물들

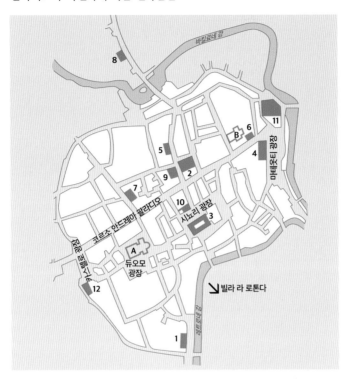

1 카자 치베나Casa Civena. 1540년.

2 팔랏쪼 티에네Palazzo Thiene. 1542년.

3 바실리카 팔라디아나Basilica Palladiana.
1549년.

4 팔랏쪼 키에리카티Palazzo Chiericati.
1550년.

5 팔랏쪼 이제포 포르토Palazzo Iseppo
Porto. 1548년경.

6 카자 코골로Casa Cogollo.
1559년(팔라디오 작품으로 추정).

7 팔랏쪼 발마라나Palazzo Valmarana.
1565년.

8 팔랏쪼 스키오-앙가란Palazzo Schio-
Angaran. 1566년 이전.

9 팔랏쪼 바르바노Palazzo Barbarano.
1570년경.

10 로지아 델 카피타니아토Loggia del
Capitaniato. 1571년.

11 테아트로 올림피코Teatro Olimpico.
1571년.

12 팔랏쪼 포르토-브레간쩨Palazzo Porto-
Breganze. 1570년경.

A 대성당 북쪽문.

B 발마라나 예배당Cappella Valmarana.
1576년.

팔라디오가 베네치아에 지은 종교 건축물들

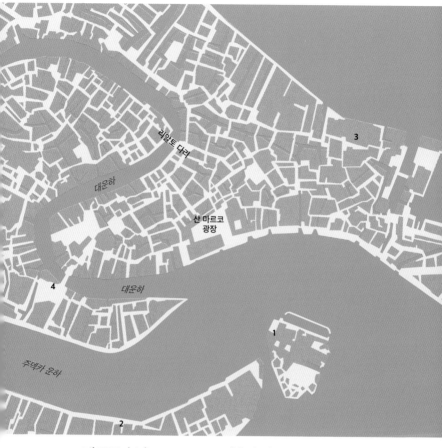

1 산 조르조 마조레San Giorgio Maggiore 성당. 1610년(사후 완공).
2 일 레덴토레Il Redentore 성당. 1592년(사후 완공).
3 산 프란체스코 델라 비냐San Francesco della Vigna 성당.
4 자비의 수도원Convento della Carità(일부).

석공 팔라디오, 트리씨노를 만나다

팔라디오를 기념하여 코르소 팔라디오Corso Palladio라고 부르는 거리는 현재 비첸차 시가지의 대동맥이라고 할 수 있다. 이 거리 700미터 주변에는 팔라디오가 세운 건축물들이 많다. 특히 이 거리의 동쪽 끝 마테웃티 광장Piazza Matteotti에는 1550년에 설계한 개방적인 형태의 팔랏쪼 키에리카티Palazzo Chiericati와 그가 생애 마지막으로 설계한 작품, 즉 고대 로마극장을 재현한 듯한 테아트로 올림피코Treatro Olimpico가 있다.

코르소 팔라디오에서 한 블록 남쪽에 있는 시뇨리 광장Piazza Signori에는 팔라디오의 대표작 중 하나로 꼽히는 웅대한 바실리카가 시야를 지배하고 있는데, 그 옆에는 팔라디오의 석상이 서 있다. 그의 모습은 마치 신격화된 듯 거룩하고 고귀하게 보인다. 하지만 그는 고귀한 집안 출신은 아니었다.

팔라디오는 비첸차와 베네치아 사이에 있는 대학 도시 파도바에서 1508년에 태어났다. 본명은 안드레아 디 피에트로 델라 곤돌라Andrea di Pietro della Gondola이고 아버지는 건축과는 관계없는 방앗간 주인이었다. 팔라디오는 13세 때 파도바에서 석공일을 배우기 시작했다. 1523년 가족이 파도바에서 약 33킬로미터 서쪽에 있는 비첸차로 이사하고 난 다음인 16세 때에 비첸차의 벽돌공 조합에 등록했다. 그 후 비첸차 북쪽 지역 페데무로 산 비아지오에 있는 조각 공방에서 십여 년 동안 수련한 다음에 석공과 장식조각가로 활동하기 시작했다.

팔라디오는 1535년과 1538년 사이에 비첸차에서 남서쪽으로 약 25킬로미터 떨어진 시골 크리콜리에 있는 빌라 트리씨노Villa Trissino 공사장에서 석공으로 일했다. 이때 팔라디오의 생애를 완전히 바꾸어 놓는 일이 일어났다. 비첸차의 귀족 잔 조르조 트리씨노 Gian Giorgio Trissino(1478~1550)의 눈에 띈 것이다. 트리씨노는 인문주의자이자 시인이며 철학자, 극작가, 문헌학자, 수학자, 외교관, 아마추어 건축가로 당대 가장 명망 있는 학자들 가운데 한 사람이었다. 그런 그가 팔라디오의 비범한 능력과 잠재력을 알아보고 열렬한 후원자가 되었던 것이다.

트리씨노는 빌라 트리씨노 안에 자신의 이름을 따서 학술연구소 아카데미아 트리씨아나Accademia Trissiana를 설립하여 비첸차의 귀족 자제들에게 음악, 천문학, 지리학, 철학 등 여러 분야의 학문을 교육했다. 그곳의 엄격한 교육과정을 팔라디오에게 이수하도록 했는지는 확실하지 않다. 만약 그랬다면 팔라디오는 서민 출신으로는 유일하게 그곳에서 수준 높은 교육을 받은 인물로 꼽힐 것이다. 어쨌든 팔라디오는 트리씨노의 영향 아래에서 앞으로 대 건축가로 발돋움할 수 있는 학문적 소양을 쌓았다.

팔라디오를 후원한 잔 조르조 트리씨노. 화가 빈첸쪼 카테나Vincenzo Catena의 1510년 작이다.

시뇨리 광장에 있는 바실리카 옆에 서 있는 팔라디오의 석상.

트리씨노는 비트루비우스를 열정적으로 연구했기 때문에 팔라디오에게《건축10서》를 접하게 했다. 그리고 트리씨노는 명석한 석공 '안드레아 델라 곤돌라'에게 새로운 이름을 붙여 주었는데, '팔라디오'라는 고전적인 이름이 바로 그것이다.

이 이름은 그리스 신화의 팔라스 아테나Pallas Athena, 또는 이 여신의 부적인 팔라디움Palladium에서 유래한 것으로 보인다. 로마 건국 전설의 모태가 되는《아이네이아스 일대기》를 보면 아이네이아스는 팔라디움을 품고 불타는 트로이아를 탈출하여 이탈리아 반도로 건너와 정착한다.

고대 로마인들은 팔라디움을 지혜와 예지의 상징으로 여겼으며 로마를 지키고 보호했다고 믿었다. 그런가 하면 트리씨노의 서사시《고트족으로부터 해방된 이탈리아L'Italia liberata dai Gotthi》에 등장하는 천사 같은 전령의 이름 또한 팔라디오였다.

한편 그 당시 고트족은 고대 로마 문명을 파괴한 야만인들로 여겨졌다. 고전의 부활을 꿈꾸던 이탈리아 사람들은, 12세기에 프랑스에서 생성되고 르네상스 초기까지 발전하여 유럽 여러 지역으로 전파되던 건축양식을 혐오했다.

그중 특히《르네상스 예술가 열전Le Vite de' piu eccellenti architetti, pittori, et sculptori italiani》의 저자이자 건축가이며 화가였던 조르조 바사리Giorgio Vasari(1511~1574)는 이 양식을 비하하여 '고딕 양식'이라고 불렀는데, 문자 그대로 '고트족의 양식'이란 뜻이다. 물론 역사적으로 따져 보면 이 양식은 고트족과는 전혀 상관이 없지만. 어쨌든 고대 로마의 건축을 재발견하고 싶던 트리씨노는 고딕 양식에 맞서서 이를 능가할 혈기 넘치는 투사로서 젊은 건축가 팔라디오를 내세워 자신의 이상을 구현하려 했을 것이다.

로마에서 고대 건축을 재발견하다

1541년 트리씨노는 팔라디오를 데리고 로마로 갔다. 고대 로마의 건축과 예술을 연구하고 로마에서 공사 중이던 건축 상황을 둘러보게 했다. 팔라디오는 그 뒤에도 여러 번 더 로마를 여행하며 고대 유적과 르네상스 고전주의 건축을 더 깊이 접하였다.

　　로마에서 팔라디오는 아우구스투스 포룸 안에 있는 복수의 마르스Mars 신전, 네르바 황제 포룸 안에 있는 네르바Nerva 신전, 하드리아누스Hadrianus 황제가 세웠던 베누스와 로마Venus & Roma 신전, 또 거의 2천 년이 지난 지금도 원래 모습 거의 그대로 서 있는 판테온 등과 같은 고대 로마 건축을 깊게 연구했다. 건축물의 세세한 부분까지도 꼼꼼하게 측량하면서 팔라디오가 내린 결론은 고전 건축에는 세련된 감각과 아름다운 비례로 이루어지지 않은 부분이 없다는 것이었다.

　　그는 비례의 법칙에 대하여 "아름다움이란 전체적으로 아름다운 형태와 부분, 부분과 부분, 부분과 전체가 이루는 형태와 대응 관계로부터 결정된다. 건물은 잘 형성된 신체와 같아서 각 부분이 다른 부분에 적합해야 하고 그 하나하나가 필요성을 충족해야 한다." 라고《건축4서》에 기술했다.

팔라디오가 로마에서 경이로운 눈으로 본 르네상스 건축물이 있었다. 바로 베드로가 순교했다고 전해지는 자니콜로 언덕에 도나토 브라만테Donato Bramante(1444~1514)가 1500년대 초에 세운 템피엣토Tempietto(소신전)였다. 이 건물은 로마에 등장한 최초의 르네상스 건축물로, 고대 로마의 건축을 이해하고 표현하려 했던 브라만테의 노력의 산물이었다.

팔라디오는 "브라만테는 고대로부터 지금까지 감추어져 있던 아름답고 훌륭한 건축을 다시 찾아낸 최초의 인물"이며 그의 작품 중 몇몇은 고대 건축물의 반열에 올리는 것이 합리적이고 정당하다고《건축4서》에서 밝혔다. 사실 템피엣토는 고대 로마의 원형 신전의 특징을 기반으로 하면서도 비트루비우스의 균형과 비례의 원칙을 엄격하게 준수하여 건축된 것이다.

한편 1506년에 브라만테가 설계했던 베드로 대성당은 로마의 바티칸 지역에서 공사가 시작되었으나 브라만테가 1508년에 죽는 바람에 라파엘로를 비롯하여 다른 건축가에 의해 설계가 변경되었고, 결국 미켈란젤로의 설계안에 따라 공사가 진행되었다. 또 로마에서 가장 신성한 언덕이었으나 로마제국의 멸망 뒤 1천 년 이상 방치되었던 캄피돌리오 언덕 위에서는 미켈란젤로가 설계한 우아한 광장이 공사 중이었다.

그는 로마뿐만 아니라 고대 로마 신전 유적이 있는 티볼리, 팔레스트리나, 스폴레토 등과 같은 이탈리아 소도시들과 프랑스 남부 도시 님Nimes으로도 건축 여행을 한다.

팔라디오의 건축 작품과 《건축4서》의 탄생

팔라디오는 설계할 때 고전 건축 양식을 그대로 답습하지는 않았다. 즉 고대 로마의 신전이나 공공건물을 그대로 복사해 낸 것이 아니라, 그 안에 사용된 건축 요소와 어휘를 그가 살던 시대 건축물의 용도와 기능에 맞게 응용하여 적용했던 것이다.

특히 비첸차 외곽에 세운 통칭 '라 로톤다La Rotonda'라고 하는 빌라 카프라Villa Capra는 돔과 신전 외관을 결합한 혁신적인 방식의 건축물로 다음 세기에도 큰 영향을 미쳤다.

팔라디오가 설계한 최초의 건축 작품은 1537년 비첸차 북쪽에 지은 빌라 고디Villa Godi이고, 이어서 5년 뒤에 비첸차에 최초의 도시 건물인 팔랏쪼 티에네Palazzo Thiene를 설계했다. 그 뒤 팔라디오는 트리씨노 주변 인물들과 접촉하였고, 그 결과 1549년에 오늘날에는 '바실리카'라고 부르는 비첸차의 정청政廳 외관을 개축하는 데 수석 건축가로 임명되었다. 비첸차 귀족들에게서 대저택을 개축하거나 신축해 달라는 의뢰가 계속해서 쏟아지는 등 비첸차에서 성공을 거두자, 그의 이름은 베네치아에도 널리 알려졌다.

트리씨노가 1550년에 세상을 떠났다. 그래서 팔라디오는 새로운 후원자를 만나게 되는데 베네치아의 명문가 출신 다니엘레와 마르칸토니오 바르바로 형제이다. 다니엘레 바르바로Daniele Barbaro (1514~1570)는 런던 주재 베네치아 공화국 대사를 역임한 외교관이자 고위성직자이고 학자이며 건축서 저술가이고 또한 건축가이기도 했다. 팔라디오는 다니엘레 바르바로를 따라 로마에 다시 갔다

팔라디오의 대표작 중 하나인 바실리카의 외관.

온 다음 바르바로 형제를 위해 빌라 바르바로Villa Barbaro를 설계했다. 물론 바르바로의 입김이 컸겠지만 팔라디오는 베네치아 귀족들의 주목을 끌었다.

이를 바탕으로 팔라디오는 바도에르, 포스카리 등 주요 베네치아 유력가문들이 베네치아 속령에 소유한 농지에 세울 별장 설계를 의뢰 받아 고대의 영감과 전원적인 특징을 절묘하게 결합한 별장들을 세운다. 또 생의 후반에는 베네치아에서 산 조르조 마조레 성당, 일 레덴토레 성당과 같은 중요한 성당 건축 계획도 맡았다.

한편 1556년에 바르바로가 쓴 비트루비우스의《건축10서》주해서에 팔라디오가 그린 도판을 넣었는데, 그로 인해 사람들은 비트루비우스의 건축을 더 잘 이해할 수 있었다. 하지만 팔라디오는 이 책이 출판되기 전부터 그리 만족스러워하지 않았던 것 같다. 한 세기 전에 알베르티가 썼던 건축서와 마찬가지로 바르바로의 저작 역시 엘리트들을 위한 책이었기 때문이다.

팔라디오는 비트루비우스나 알베르티의 저작보다 더 실용적이며 누구나 쉽게 접할 수 있는 알기 쉽고 명료한 내용의 건축서 출판을 계획했다. 사실 젊은 시절부터 구상해 오던 책이었다. 그리하여 마침내 62세가 되던 해인 1570년에《건축4서》를 완성하여 베네치아에서 출간했다.

역사상 최초의 건축 대중서《건축4서》

제1권부터 제4권까지 전체 분량은 550페이지가 넘는다. 건축물에 대한 도판은 평면도, 입면도, 단면도로 구성되어 있으며, 치수를 기입하여 실제 건물의 규모를 가늠할 수 있도록 했다. 한 페이지 안에 평면도, 입면도, 단면도를 모두 배치한 경우도 있다. 또 3차원적인 느낌은 음영으로 처리하여 공간의 깊이를 표현했다. 세를리오의《건축7서》와는 달리 투시도는 사용하지 않았다. 투시도는 보기에는 좋지만 실제 치수를 알기 힘들기 때문이다.

팔라디오는 제2권과 제3권에서 자신이 의뢰받은 건축물도 다루었는데, 빌라 20채와 7개 계획안의 평면도와 입면도가 그것이다. 실제로 지은 건축물은 장소와 건축주의 이름을 명기하여 건축가들이 현장을 찾아갈 수 있도록 했다. 하지만 해당 건물은 도판에서 보이는 그대로 짓지는 않았다.

제1권 서문은 다음과 같이 시작한다.

나는 타고난 소질에 이끌려 젊은 시절에 건축 연구에 몰두하였다. 그리고 나는 고대 로마인들이야말로, 다른 많은 분야에서 그랬던 것처럼, 건축 분야에서도 어떤 시대보다도 뛰어났다고 항상 생각했다. 그렇기 때문에 나는 이 분야에 대해 글을 남긴 유일한 고대 로마인 비트루비우스를 스승이자 안내자로 삼아 야만족들에 의해 파괴된 뒤 오랜 세월 동안 폐허로 남아 있는 옛 건축물들을 탐구하기 시작했다.

이런 탐구는 처음에 생각했던 것보다 훨씬 더 가치 있는 일로 여겨졌고 그 때문에 건축물의 세세한 부분까지도 꼼꼼하게 또 조심스럽게 측량하기 시작했다. 그러나 고대 건축물들이 감각이 세련되고 비례가 아름답지 않은 부분이 없다는 것을 알고는, 나는 그야말로 극도로 세심한 탐구자가 되었다.
나는 각 세부가 건축물의 총체를 이루는 과정을 종합적으로 이해하고, 이것을 도면에 담기 위해 이탈리아 여러 지역을 반복해서 방문했으며 또 외국(남부 프랑스)도 찾아갔다. 현재 우리가 통상적으로 하는 건축 방식은 내가 그곳에서 조사했던 건물들의 구조와 다르며, 비트루비우스와 알베르티를 비롯하여 비트루비우스 이후에 등장한 위대한 저자들의 책에서 읽었던 것과도 달랐다. 또한 나의 고용 건축주들이 크게 칭송했던 나의 최근 건축물들과도 다르다는 것을 알았다. 그리하여 나는 내가 그토록 오랜 기간 동안, 또 개인적으로 위험을 감수해 가며 모아 온 건축물들의 디자인, 건물을 세울 때 내가 아주 중요하다고 생각하는 것, 그리고 내가 따랐고 또 지금도 따르고 있는 법칙들에 대한 간단한 설명을 책으로써 일반인들에게 널리 알리는 것이 인간으로서 할 수 있는 가치 있는 일이라는 생각이 들었다. 인간은 자기 자신뿐만 아니라 다른 사람들로부터 쓰임을 받기 위해서도 태어났기 때문이다.

각 권에서 다루어진 내용은 다음과 같다.

제1권: 친구인 자코모 앙가라노에게 헌정한 것으로, 건물을 지을 때 기본적으로 필요한 기초와 재료의 선택, 건축설계, 5개의 기본적인 오더(토스카나Toscana 양식, 도리스 양식, 이오니아 양식, 코린토스 양식, 혼합 양식 기둥)의 디테일, 건물 전체의 비례(기둥의 배불림entasis을 간단히 산정하는 방법 포함), 방의 형태 및 비례, 바닥과 볼트형 천장, 문과 창문, 계단, 벽난로, 지붕 등에 대해 논한다.

제2권: 팔랏쪼, 빌라(별장)와 같은 개인 건물의 특징에 대해 논한다.

로마 시내 주요 고대 및 르네상스 건축물 지도

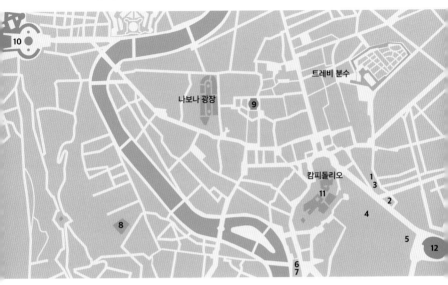

1 복수의 마르스 신전Templum Marti Ultori. 기원전 2년.

2 평화의 신전Templum Pacis. 71년.

3 네르바 신전Templum Nervae. 97년.

4 안토니누스&파우스티나 신전Templum Antonini et Faustinae. 141년.

5 해와 달 신전(베누스와 로마 신전Templum Veneris et Romae). 135년.

6 포르투나 비릴리스 신전(포르투누스 신전 Templum Portuni). 기원전 80년경.

7 베스타 신전(헤라클레스 신전Templum Herculis). 기원전 120년경.

8 템피엣토Tempietto. 1502년.

9 판테온Pantheon. 125년.

10 베드로 대성당Basilica di San Pietro. 1626년.

11 캄피돌리오 광장Piazza del Campidoglio. 16세기 후반.

12 콜로세움Colosseum. 80년.

고대 그리스와 로마의 건축물을 복원하여 고대의 형태가 새로운 건물을 계획할 때 어떻게 적용할 수 있는지 설명하는데, 팔라디오 자신이 비첸차와 베네치아 주변의 농지에 설계한 건물들을 예시로 든다. 즉, 9개의 팔랏쪼, 유명한 빌라 라 로톤다를 포함하여 22개의 빌라(그중 13개는 설계대로 완공했고, 5개는 부분적으로 완공했고, 4개는 계획에 그침)와 실제로 세워지지 않은 팔라디오의 계획안들이다.

제3권: 사보이아 왕가의 에마누엘레 필리베르토에게 헌정한 것으로, 포장도로 건설, 목조 및 석조 교량 축조, 고대의 바실리카에 대하여 설명하면서, 팔라디오가 계획했던 교량과 비첸차에 개축한 바실리카를 보여 준다.

제4권: 주로 고대 로마의 여러 신전에 대해 이야기한다. 분량은 1, 2, 3권을 다 합친 것과 거의 맞먹는다. 고대 로마의 심장이었던 포룸에 세워진 신전들, 로마제국 초기의 아우구스투스 포룸의 마르스 신전, 로마제국 전성기 하드리아누스 황제가 세웠던 로마와 베누스 신전과 원형 신전 판테온 등을 포함하여 고대 로마의 건축물 26개를 보여 준다. 고대 로마의 건축물들은 판테온을 제외하고는 대부분 형체를 알아보기 힘들 정도로 폐허로 남아 있지만, 팔라디오는 원래의 모습을 놀라울 정도로 정교하게 도면으로 복원했다. 물론 상상이지만. 또한 그가 칭송하던 브라만테가 16세기 초 로마에 세운 템피엣토도 보여 준다.

비첸차 관광안내소에 전시된 팔라디오의 빌라 라 로톤다 모델과 포스터, 포스터에는 바실리카, 빌라 라 로톤다, 테아트로 올림피코, 빌라 고디의 사진이 보인다.

일러두기

1 이탈리아어의 한글표기는 가능한 한 현지의 발음을 따랐다.

   - 이탈리아어에서 '모음+s+모음'인 경우 s는 유성음 [z]가 되므로, 발음은 [z]로 표기했다.

   (예) Vasari 바자리

   - 이탈리아어에서 이중 자음은 모두 발음한다.

   (예) Tempietto 템피엣토

   - 라틴어 고유명사는 원래 발음을 따랐다.

(예)	라틴어 원어	라틴어 발음	영어식 발음
	Troia	트로이아	트로이 Troy
	Venus	베누스	비너스
	Forum	포룸	포럼

2 도판(Tavola) 번호는 1945년 밀라노의 회플리 Hoepli 출판사에서 붙인 번호를 따랐다. 원서에는 도판 번호가 없다.

   (예) Tavola 20: 3-42는 제3권의 20번째 도판이며 제3권의 42페이지를 뜻한다.

차례

해설 • 4

기둥 양식

고대 그리스와 로마 건축에서는 모양, 비율에 관한 특정한 규칙을 적용시켜 기둥을 만들었다. 건축물을 특정한 양식으로 분류할 때 필수적으로 고려하는 요소는 기둥의 모양인데, 그중에서도 기둥머리 모양과 기둥에 의해 떠받쳐지는 부분이다.

그리스의 기둥 양식은 세 가지, 즉 도리스 양식, 이오니아 양식, 코린토스 양식으로 분류하고, 로마의 기둥 양식은 이에 에트루리아Etruria에서 기원한 토스카나 양식과 이오니아 양식과 코린토스 양식이 결합한 혼합 양식 두 가지를 더해 다섯 가지로 분류한다.

OOI

Tavola I: I-I7

토스카나 양식 기둥 배열

입면도

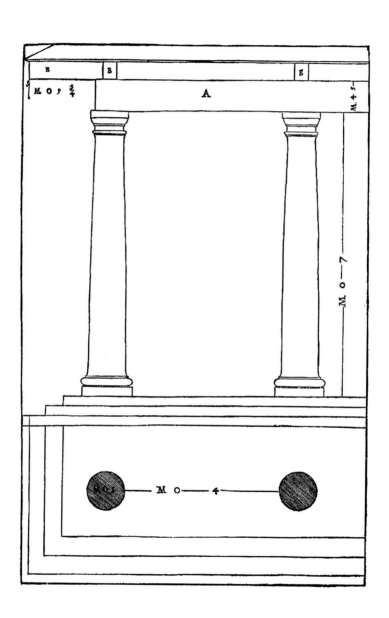

002

Tavola 2 : 1-18

토스카나 양식 기둥 배열
(하중 받지 않는 반기둥)

입면도

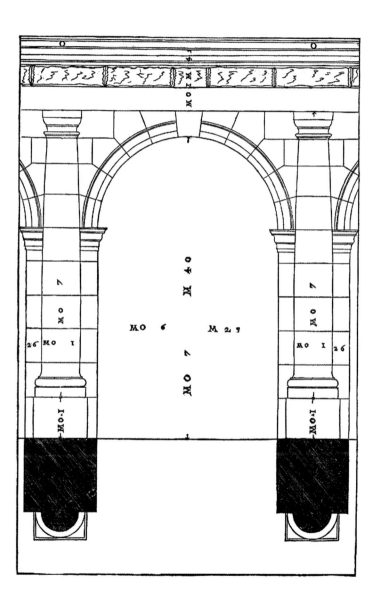

003

Tavola 3 : 1-20

토스카나 양식 기둥

주요 부분 상세도

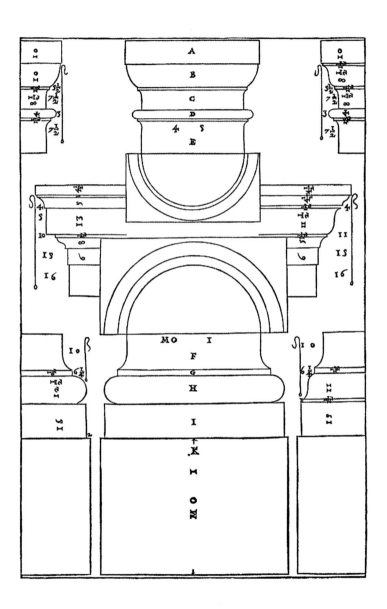

<u>004</u>

Tavola 4 : 1 -21

토스카나 양식 기둥

주요 부분 상세도

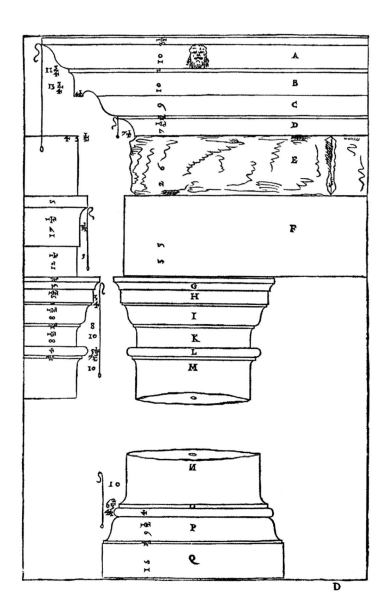

<u>005</u>

Tavola 5: 1-23

도리스 양식 기둥 배열

입면도

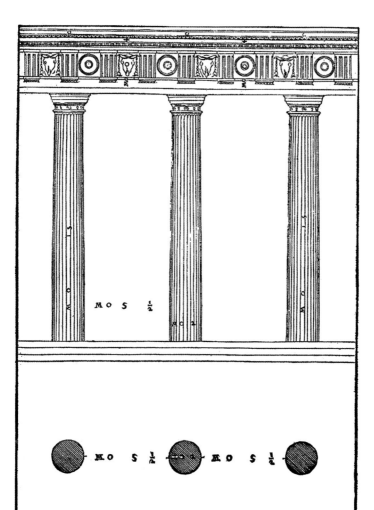

oo6

Tavola 6: 1-24

도리스 양식 기둥 배열
(하중 받지 않는 반기둥)

입면도

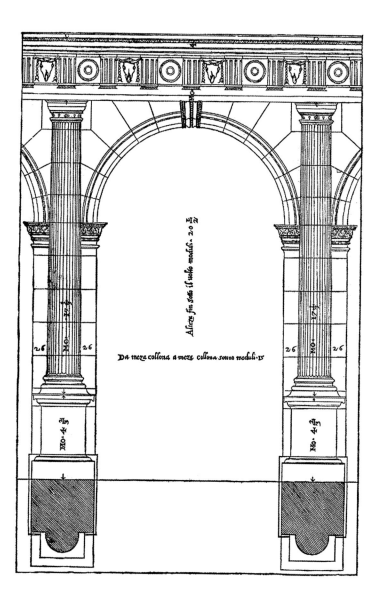

Alteza fin sotto il volto moduli. 20 ¾

Da meza collona a meza collona sonno moduli. 15

MO. 17 ½

26   26

MO. 4 ⅔

<u>007</u>

Tavola 7: 1-25

도리스 양식 기둥

주요 부분 상세도

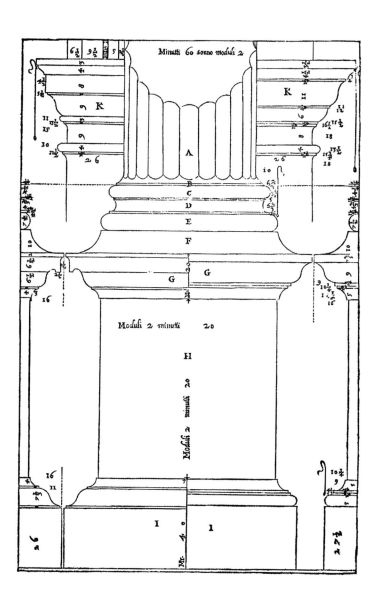

Minutti 60 sonno moduli 2

K

K

A

B
C
D
E
F

G   G

Moduli 2 minutti   20

H
20

Moduli 2 minutti

16
11

I   l

Mr.

008

Tavola 8: 1-27

도리스 양식 기둥

주요 부분 상세도

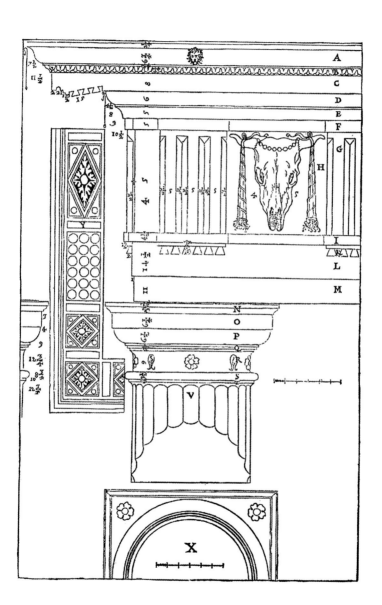

A

B

C

D

E

F

G

H

I

L

M

N

O

P

Q

S

V

Y

X

009

Tavola 9: 1-29

이오니아 양식 기둥 배열

입면도

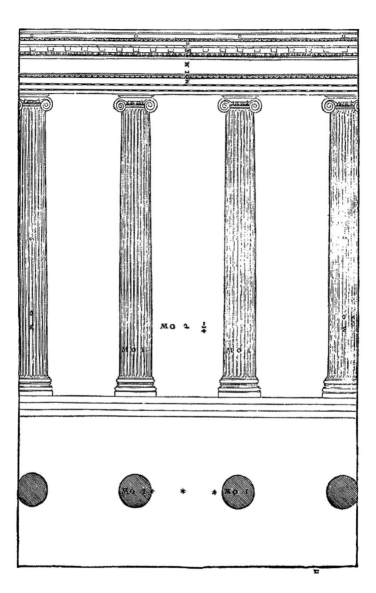

OIO

Tavola IO: I-30

이오니아 양식 기둥 배열
(하중 받지 않는 반기둥)

입면도

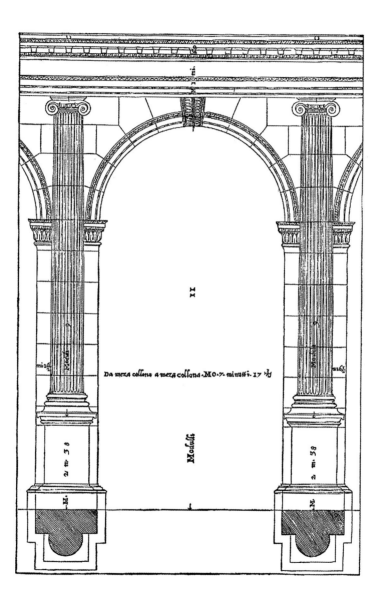

Da meza collona a meza collona . M 0. 7. minutti. 17

OII
—

Tavola II: 1-32

이오니아 양식 기둥

주요 부분 상세도

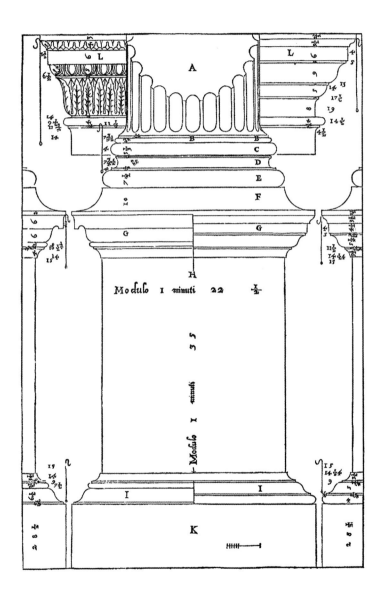

Modulo 1 minuti 22 ½

Modulo 1 minuti 35

012

Tavola 12 : 1-34

이오니아 양식 기둥

주요 부분 상세도

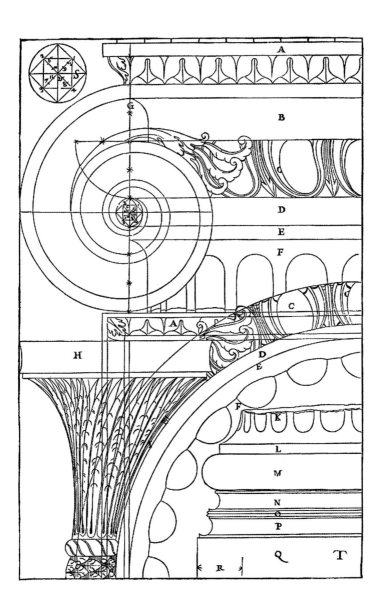

<u>013</u>

Tavola 13 : 1 - 36

이오니아 양식 기둥

주요 부분 상세도

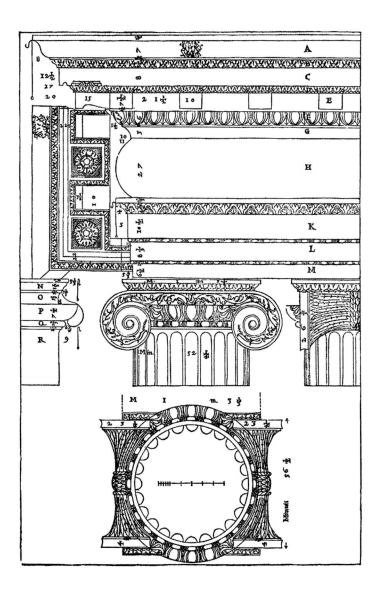

<u>014</u>

Tavola 14: 1-38

코린토스 양식 기둥 배열

입면도

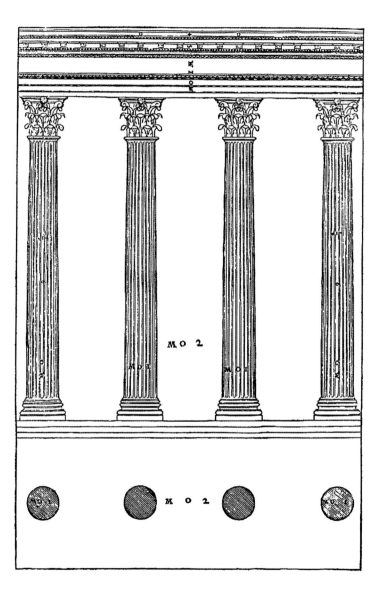

<u>015</u>

Tavola 15: 1-39

코린토스 양식 기둥 배열
(하중 받지 않는 반기둥)

입면도

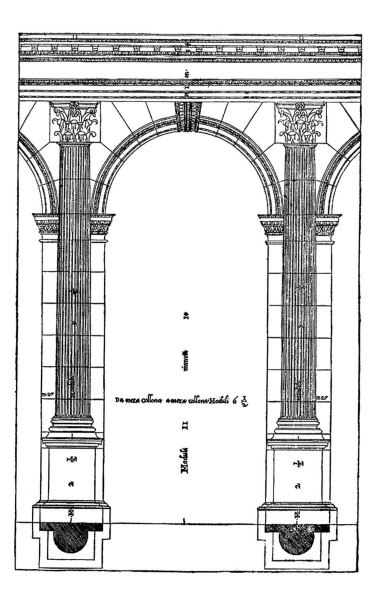

DA meza collona a meza collona Moduli 6 ½

016
——

Tavola 16 : 1 - 41

코린토스 양식 기둥

주요 부분 상세도

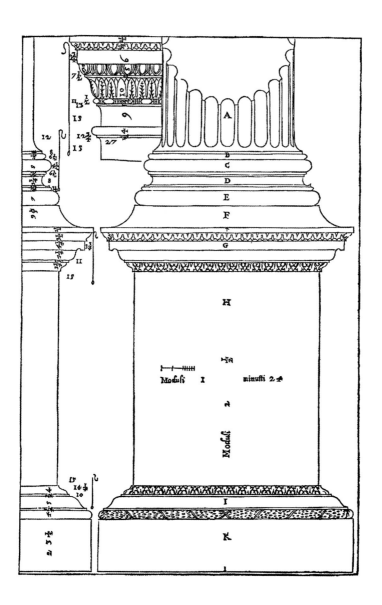

Moduli I   minuti 2 ¼

2

Moduli

017

Tavola 17 : 1-43

코린토스 양식 기둥

주요 부분 상세도

018

Tavola 18: 1-45

혼합 양식(이오니아+코린토스) 기둥 배열

입면도

MOI½

MOI   MOI½   MOI

G

019

Tavola 19: 1-46

혼합 양식(이오니아+코린토스) 기둥 배열
(하중 받지 않는 반기둥)

입면도

Da meza collona a meza collona moduli 7 m. 13

minuti 20 fin soto il volto

M. 4 2

M. 4 2

Moduli 12

M. 5 m. 20

M. 5 m. 20

020
___

Tavola 20: 1-48

혼합 양식(이오니아+코린토스) 기둥

주요 부분 상세도

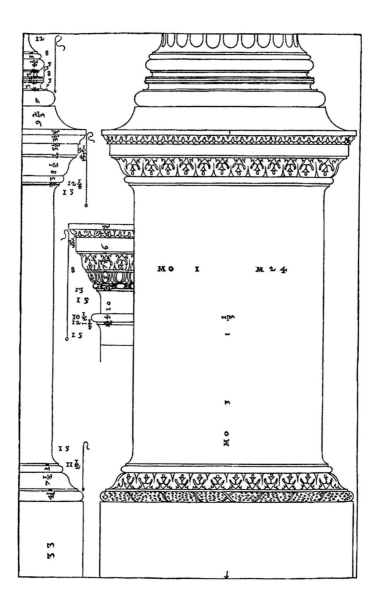

021

Tavola 21: 1-50

혼합 양식(이오니아+코린토스) 기둥

주요 부분 상세도

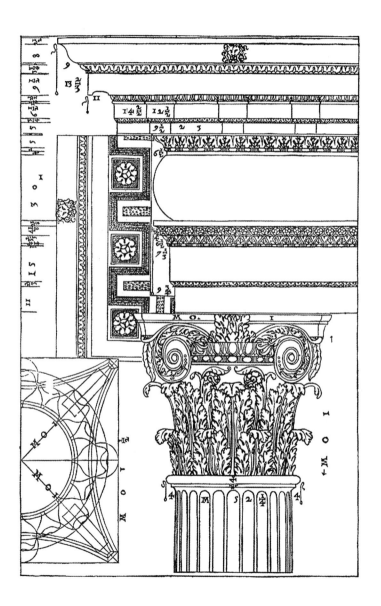

○22

Tavola 24 : 1-59

여러 종류의 나선형 계단

A: 가운데에 기둥이 있는 경우
B: 가운데에 기둥이 있고, 계단
이 벽체에 수직이 아닌 경우
C: 가운데가 비어 있는 경우
D: 가운데가 비어 있고 계단이
벽체에 수직이 아닌 경우

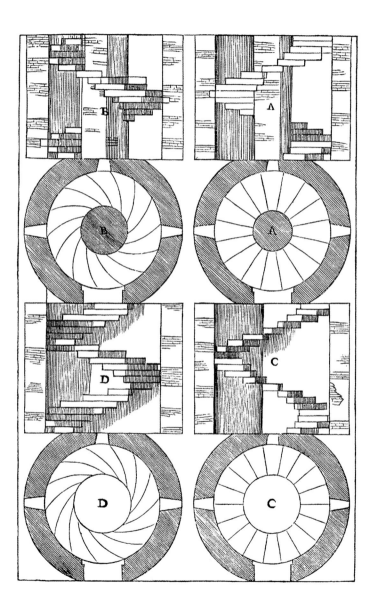

<u>023</u>

Tavola 25: 1-59

여러 종류의 나선 원형 계단과 정사각형 계단

E: 가운데에 기둥이 있는 경우

F: 가운데에 기둥이 없는 경우

G: 가운데에 벽이 있는 경우

H: 가운데가 빈 경우

024

Tavola 26: 1-65

이중 나선 원형 계단

이중 계단으로 되어 있어서 올라가는 사
람과 내려가는 사람이 서로 부딪히지 않
으며, 계단실이 넓기 때문에 상부로부터
빛을 받을 수 있다.
팔라디오는 로마에서 브라만테가 설계한
이런 종류의 계단을 보았다.

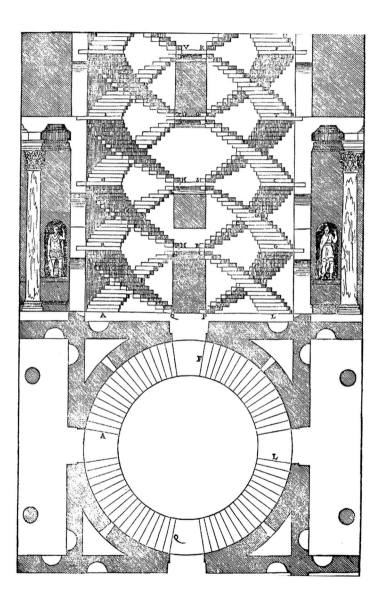

○25

Tavola 27: 1-66

이중 직선 계단

이중 계단으로 되어 있어서 올라가는 사
람과 내려가는 사람이 서로 부딪히지 않
으며, 계단실이 넓기 때문에 상부로부터
빛을 받을 수 있다.

[제2권]

REGINA VIRTVS

I QVATTRO LIBRI
DELL'ARCHITETTVRA
Di Andrea Palladio.

Ne' quali, dopo un breue trattato de' cinque
ordini, & di quelli auertimenti, che sono
piu necessarij nel fabricare;
SI TRATTA DELLE CASE PRIVATE,
delle Vie, de i Ponti, delle Piazze, de i Xisti, et de' Tempij.
CON PRIVILEGI.

IN VENETIA,
Appresso Dominico de'
Franceschi.
1570.

026

Tavola 3: 2-06

팔랏쪼 키에리카티 Palazzo Chiericati
위치: 비첸차
건축 연도: 1550년 착공, 1680년 완공

평면도, 정면 입면도

시장이었던 '섬 광장'(Piazza dell'Isola, 현재는 마테웃티 광장)에 면한 키에리카티 백작의 저택이다. 홍수로 광장이 물에 잠기는 경우를 대비하여 건물은 지면보다 약간 높게 하여 계단을 통해 진입할 수 있게 했는데, 이는 고대 로마의 신전 계단을 연상하게 한다.
건물 정면은 모두 일련의 기둥으로 처리하여 광장 쪽으로 개방된 느낌을 준다.
좌우로 길쭉한 현관 홀은 양쪽에 3개의 크기가 다른 방으로 연결되는데, 큰 방, 중간 방, 작은 방의 가로와 세로의 비율은 수학적 조화를 이룬다. 즉, 각각 3:5, 1:1, 3:2이다.
착공 이후 오랜 세월 동안 미완성인 채로 남아 있다가 1세기가 지난 뒤에 완공되었다.

○27

Tavola 4: 2-07

팔랏쪼 키에리카티
위치: 비첸차

입구 부분 입면도

1층 기둥은 토스카나 양식, 2층 기둥은
이오니아 양식이고 입구를 강조하기 위
해 입구 양쪽 모서리 부분에 기둥을 중첩
했다.

Tavola 9: 2-13

팔랏쪼 티에네 Palazzo Thiene
위치: 비첸차 시내
건축 연도: 1542년 착공, 1558년 완공

평면도, 단면도

티에네 가문은 시내 중심부 도로변에 위치한 옛 고딕 건물을 대폭 개축하기 위해 처음에는 당시 유명한 건축가 줄리오 로마노를 초빙한 것으로 여겨지며, 팔라디오는 나중에 이를 수정하여 마무리했다.

전체 평면은 정사각형에 가까운 직사각형이고, 정사각형 평면의 중정을 중심으로 방들이 배치되어 있다. 1층 창고는 하인들을 위한 공간이고, 2층은 주인의 공간(피아노 노빌레)이다.

입면을 보면, 1층 벽의 거친 표면은 중정에서도 반복되고, 2층은 코린토스 양식의 기둥으로 장식되어 있다. 즉 1층의 우람한 느낌의 외관과 2층의 화사하고 가벼운 느낌의 외관이 강한 대조를 이룬다.

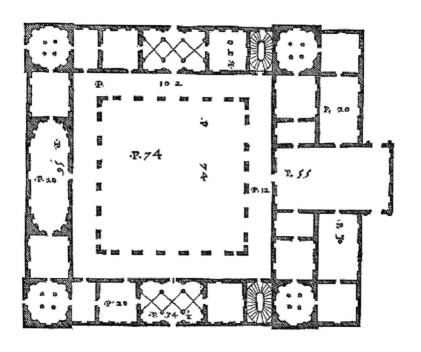

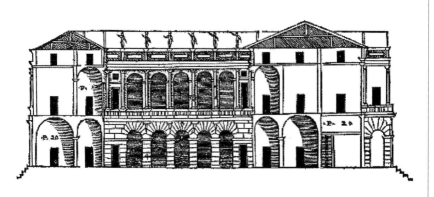

<u>029</u>

Tavola 10 : 2 -14

팔랏쪼 티에네
위치: 비첸차

입면도(부분 확대)

030

Tavola II: 2-15

팔랏쪼 티에네
위치: 비첸차

중정 입면도, 단면도

031

Tavola 12 : 2 -16

팔랏쪼 발마라나 Palazzo Valmarana
위치: 비첸차 시내
건축 연도: 1565년

평면도, 입면도

종교 건물이나 공공건물이 아닌 개인 건물에
도 처음으로 정면에 1층과 2층을 통합하는 거
대한 스케일의 벽기둥을 사용했다. 동시에 저
층부에는 보통 스케일의 벽기둥도 함께 사용
했다.

팔라디오는 당시 베네치아에서 산 프란체스
코 델라 베가San Francesco della Vega 성당을
설계하면서 입면에 거대한 스케일 기둥 사용
을 실험하고 있었다.

이 건물의 정면은 골목길에 면해 있고, 측면은
옆의 건물과 붙어 있다. 평면은 중정과 세로축
을 중심으로 길게 확장되어 있다.

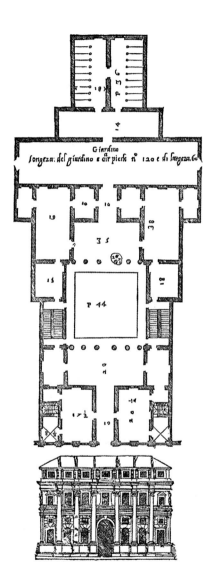

Giardino
Longeza: del giardino e cir piede n° 120 e di largeza. 60

<u>032</u>

Tavola 13: 2-17

팔랏쪼 발마라나

위치: 비첸차

입면도(부분 확대)

<u>o</u>33

Tavola 14 : 2-19

라 로톤다 La Rotonda
위치: 비첸차 외곽
건축 연도: 1567~1591년

평면도, 입면 및 단면도

정식 명칭은 빌라 알메리코 카프라 발마라나
Villa Almerico Capra Valmarana.
돔이 중심을 이루는 이 빌라는 로마의 판테
온을 연상하게 한다. 전망 좋은 작은 언덕 위
에 서 있는데다가 계단으로 연결된 포르티코
portico는 중앙 돔을 중심으로 사방으로 돌출
되어 있어서 주변의 환경을 360도 조망할 수
있다. 평면은 정사각형이고, 중앙의 원형 홀을
중심으로 방들이 대칭으로 배치되어 있는데
원형 홀은 정사각형 안에 내접해 있다. 비트루
비우스는 "정사각형은 인간적이고 지상적인
것을, 원은 자연적이고 천상적인 것을 의미한
다"고 했다.

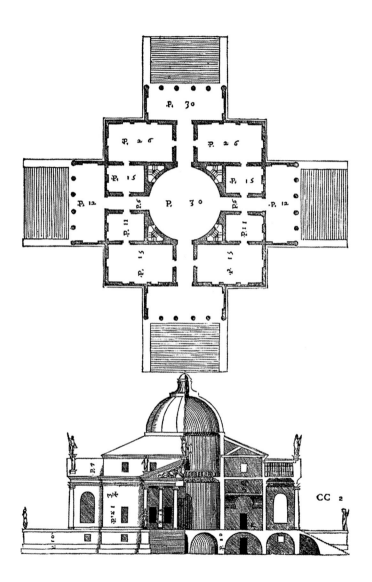

P. 30

P. 26   P. 26

P. 15   P. 15

P. 12   P. 6   P. 6   P. 12

P. 30

P. 11   P. 11

P. 15   P. 15

P.

CC 2

034

Tavola 21: 2-30

자비의 수도원 Convento della Carità
위치: 베네치아
건축 연도: 1560~1570년

평면도, 단면 및 중정 입면도

커다란 아케이드 중정이 있는 이 수도원은 팔
라디오가 베네치아에 세운 최초의 건축물로
고대 로마의 공동주택에서 영감을 받아 설계
한 것이다.

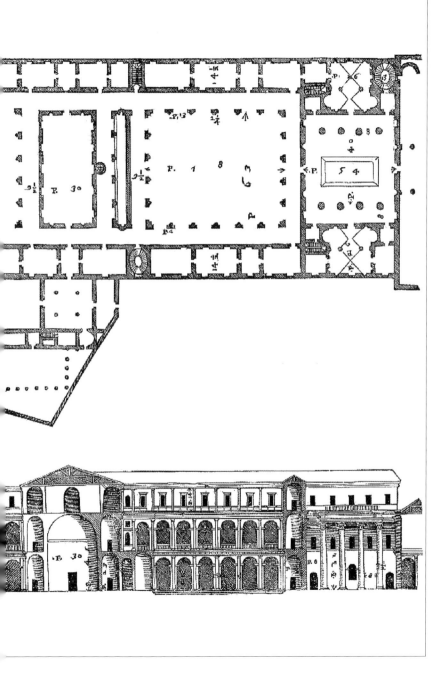

035

Tavola 21 : 2 -32

자비의 수도원

위치: 베네치아

중정 확대 단면 및 입면도

콜로세움과 같은 고대 로마의 공공건축처럼,
아케이드 중정의 1층은 토스카나 양식, 2층은
이오니아 양식, 3층은 코린토스 양식의 기둥
이 사용되었다.

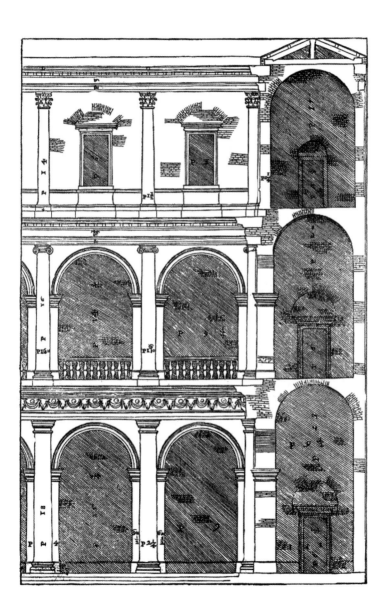

<u>036</u>

Tavola 32 : 2-48

빌라 바도에르 Villa Badoer
위치: 프랏타 폴레지네Fratta Polesine
건축 연도: 1557~1563년

평면도, 입면도

중세의 성터 위에 세워졌다. 광대한 농경
지를 내려다볼 수 있는 위치이다. 본채는
계단 위에 세워진 신전같이 위엄스러운
모습이다. 그 앞 아래 좌우로 펼쳐진 곡선
의 열주랑은 부속 건물이 본채와 분리되
지 않은 것처럼 보이게 한다.

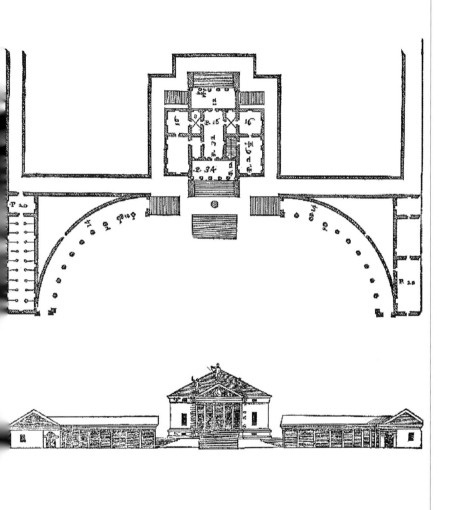

o37

Tavola 35 : 2 -51

빌라 바르바로 Villa Barbaro
위치: 마제르Maser
건축 연도: 1560~1570년 추정

평면도, 입면도

팔라디오를 후원했던 다니엘레 바르바로 형제
의 빌라.
본채는 앞으로 돌출되어 있다. 그 뒤에는 좌우
로 늘어선 축을 따라 방들이 수직으로 배치되어
있고 좌우 끝은 파빌리온으로 끝맺음했다. 본채
는 로마의 신전 모습이다.

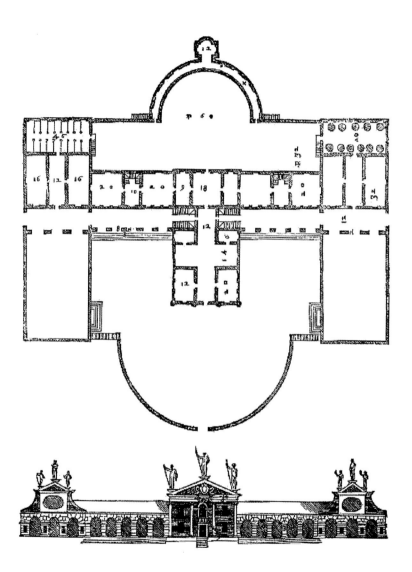

038

Tavola 36: 2-52

빌라 피자니 Villa Pisani
위치: 몬타냐나Montagnana
건축 연도: 1553~1555년

평면도, 입면도

이 빌라는 농지 한가운데 있는 것이 아니고 정면은 도로에 접해 있으며 후면은 정원 쪽으로 열려 있는데 1층과 2층 모두 로지아loggia로 처리되어 있다. 위층은 주인의 거주 공간이다. 도면과는 달리 좌우 부속 건물은 제외되고 본채만 세웠다.

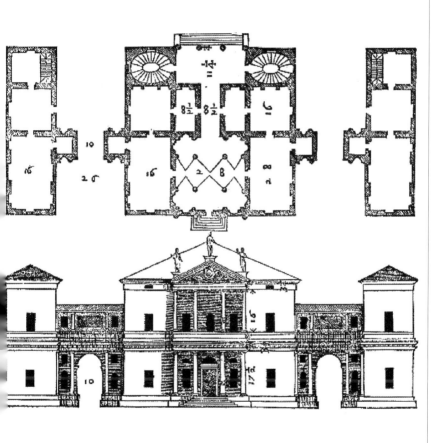

<u>039</u>

Tavola 37 : 2-53

빌라 코르나로 Villa Cornaro
위치: 피옴비노 데제Piombino Dese
건축 연도: 1553~1554년

평면도, 입면도

정사각형의 평면이 기본이 되며, 네 개의 기둥
이 있는 중앙 홀을 중심으로 방들이 좌우대칭
으로 배치되어 있다. 북쪽 정원으로 향한 정면
입구는 2층으로 된 포르티코-로지아 형태로
돌출되어 있고, 이와는 대조적으로 남쪽 정원
으로 향한 후면의 로지아는 본채 안으로 들어
가 있다. 로지아의 기둥은, 1층은 이오니아 양
식, 2층은 코린토스 양식이다.

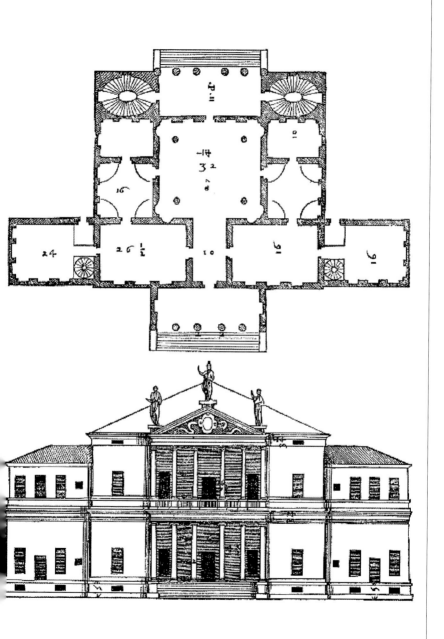

<u>040</u>

Tavola 39 : 2 −55

빌라 에모 Villa Emo
위치: 판졸로Fanzolo
건축 연도: 1558~1561년 추정

평면도, 입면도

팔라디오의 20년간의 주거 건축 설계 경험이
녹아 있는 작품이다.
본채는 완만한 경사의 계단을 통해 진입하게
되고 정사각형 평면의 본채 좌우로 반복되는
아치로 된 긴 로지아와 부속 건물들이 일렬로
간결하게 배치되어 있다. 방의 크기와 높이는
간결한 수학적 비례에 따른다. 다른 빌라들과
는 달리, 빌라 에모의 실제 모습은 도판에 매
우 가깝다.

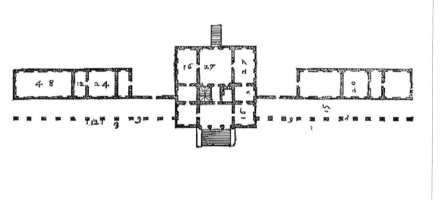

041

Tavola 43: 2-59

빌라 발마라나 Villa Valmarana
위치: 볼차노 비첸티노Bolzano Vicentino
건축 연도: 1560년대

평면도, 입면도

정면과 후면이 동일하다. 그리 높지 않은 계단
으로 진입하며, 1층은 이오니아 양식 기둥, 2
층은 코린토스 양식의 기둥으로 처리했다. 실
내는 중앙의 큰 홀을 중심으로 작은 방들을 대
칭으로 배치했다. 실제로 지어진 것은 도면과
매우 다른데 그 이유는 공사 중에 건축주인 발
마라나가 사망하여 설계가 상당히 변경된 것
으로 여긴다.

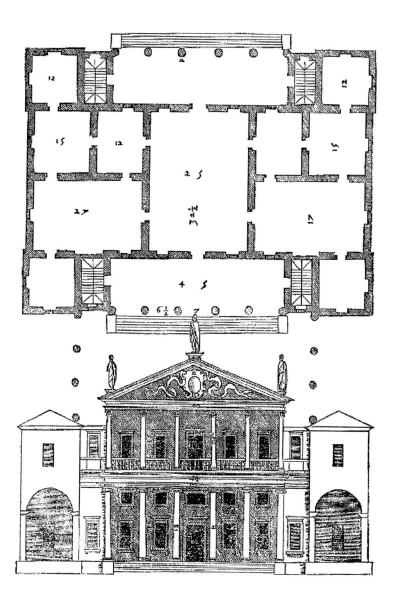

042

Tavola 49 : 2 -65

빌라 고디 Villa Godi
위치: 루고 디 비첸차Lugo di Vicenza
건축 연도: 1537~1542년

평면도, 입면도

팔라디오의 초기 작품으로 그가 로마에 가기 전, 페데무로 공방에서 일할 때인 1537년에 시작했다. 도판과는 달리 본채 좌우의 부속 건물은 지어지지 않았다.

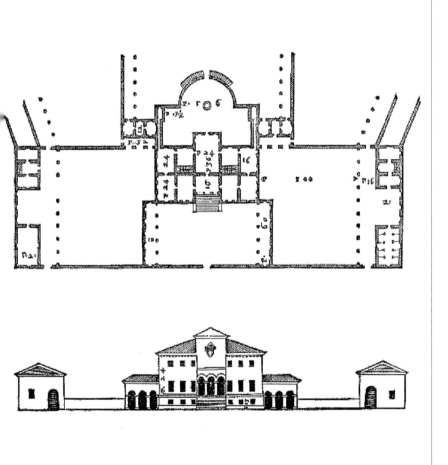

[제3권]

REGINA VIRTVS

I QVATTRO LIBRI
DELL'ARCHITETTVRA
Di Andrea Palladio.

Ne' quali, dopo un breue trattato de' cinque
ordini, & di quelli auertimenti, che sono
piu necessarij nel fabricare;

SI TRATTA DELLE CASE PRIVATE,
delle Vie, de i Ponti, delle Piazze, de i Xisti, et de' Tempij.

CON PRIVILEGI.

IN VENETIA,
Appresso Dominico de'
Franceschi.
1570.

<u>o43</u>

Tavola I: 3-10

고대 로마의 교외 포장도로

가운데는 보행자용(A) 도로이고, 도로변 양
쪽 줄에는 발로 디딜 수 있는 돌(B)을 세워 말
을 탈 때 편리하게 하며, 보행자 도로 바깥 양
쪽(C)에는 말이 지나가기 쉽게 모래와 자갈을
깔았다.

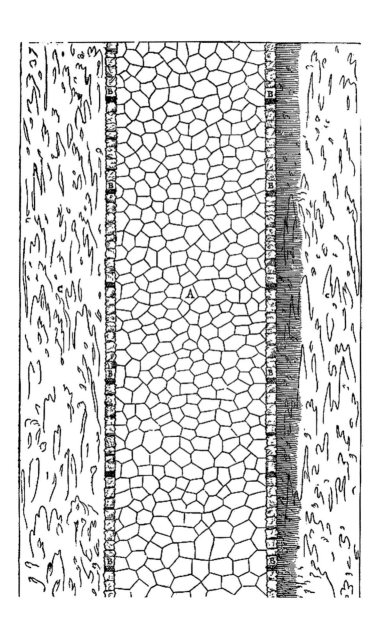

<u>044</u>

Tavola 2 : 3 -14

로마군 목조 교량의 구조

기원전 1세기에 율리우스 카이사르Julius
Caesar가 게르마니아를 정벌하기 위해
단시일 안에 라인 강에 놓았던 다리의 구
조(상상 복원도).

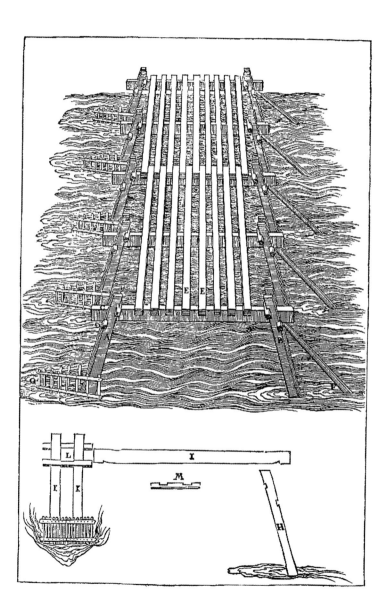

<u>o45</u>

Tavola 3 : 3-15

치스몬 강의 목조 교량

치스몬Cismon 강은 유속이 빠르고 강폭이 약
30미터가 된다. 강에 교각을 세우기 힘들기 때
문에 트러스truss형 목조 교량을 계획했는데
다리 길이를 6등분하여 트러스를 설계했다.

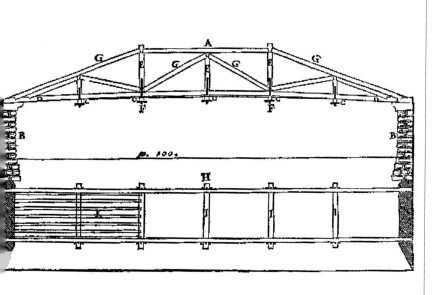

p. 100.

<u>046</u>

Tavola 4: 3-17-1

Tavola 5: 3-17-2

Tavola 6: 3-18

교각 없는 목조 교량 계획안

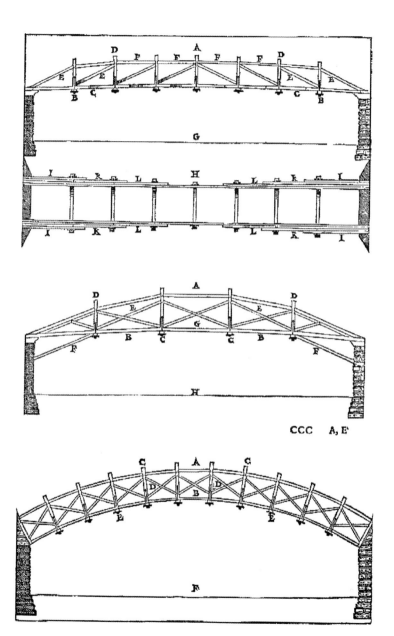

○47

Tavola 7: 3-20

목조 교량

위치: 바싸노 델 그랍파Bassano del Grappa
건축 연도: 1569년

13세기에 세운 지붕 있는 목조 교량이 1567
년 홍수로 파괴되었다. 팔라디오는 고대 로마
식의 석조 교량을 계획하였으나 반대에 부딪
혀, 기존의 형태를 따르면서 기술적으로 훨씬
더 혁신적인 목조 교량을 설계했다.

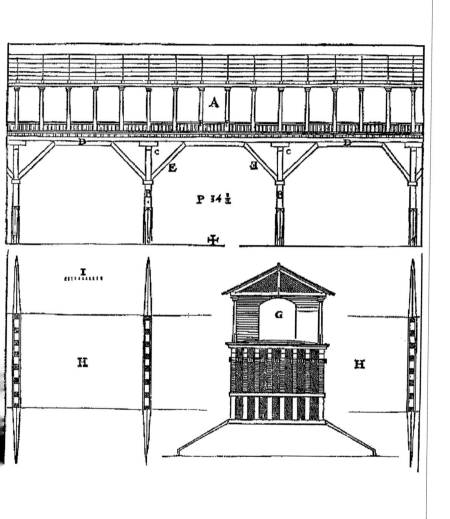

048

Tavola 8 : 3-23

고대 로마의 석조 교량
위치: 리미니Rimini
건축 연도: 14~21년

이탈리아 반도 동북쪽 아드리아 해변의 도시
리미니에 세워진 석조 교량으로 아우구스투
스 때 착공하여 티베리우스 황제 때 완공하였
는데 현재도 사용하고 있다. 5개의 반원형 아
치 중 가운데 3개 아치의 지름은 양쪽 끝의 아
치보다 좀 더 넓다.

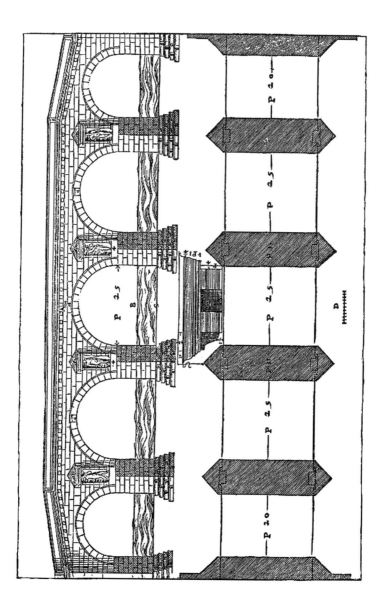

049

Tavola IO: 3-26

리알토 다리Ponte di Rialto 계획안-1

베네치아의 리알토 지역에 있던 목조 교량을
석조 교량으로 대체하기 위해 1551년에 공포
한 공모전에 제출한 팔라디오의 고전적인 형
태의 계획안. 이 계획안은 선정되지 않았고,
팔라디오가 죽은 뒤 1587년에 다시 열린 공모
전에서 다 폰테Antonio da Ponte의 계획안이
선정되었다.

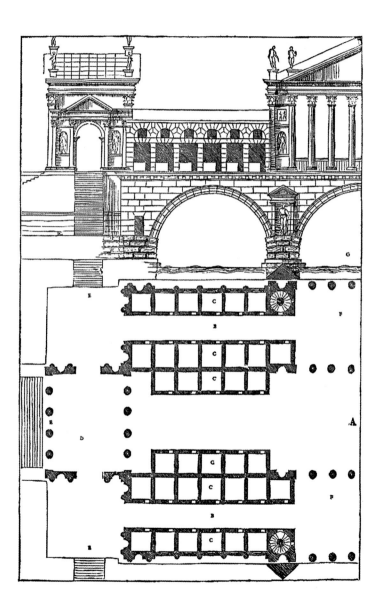

<u>050</u>

Tavola II: 3-27

리알토 다리 계획안-2

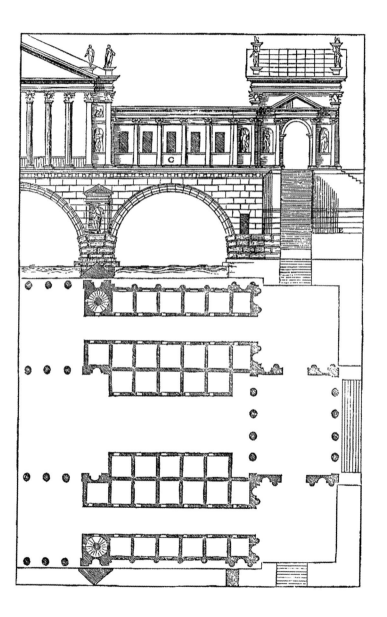

<u>051</u>

Tavola 14 : 3-33

그리스 광장

평면도

비트루비우스에 따른 그리스 광장.
비트루비우스는 광장 주변 건물에 대해
언급하고 있지 않지만 팔라디오는 다음
과 같이 추정한다.

A: 광장(정사각형)
B: 이중 포르티코
C: 법정이 열리는 바실리카
D: 이시스 신전
E: 메르쿠리우스 신전
F: 민회
G: 조폐소 앞 작은 중정과 포르티코
H: 감옥 앞 작은 중정과 포르티코
I: 민회로 통하는 문
K: 광장의 포르티코로 통하는 복도
L: 광장의 포르티코 출입구
M: 내부의 포르티코
N: 신전 벽의 평면도(부분)
P: 복도

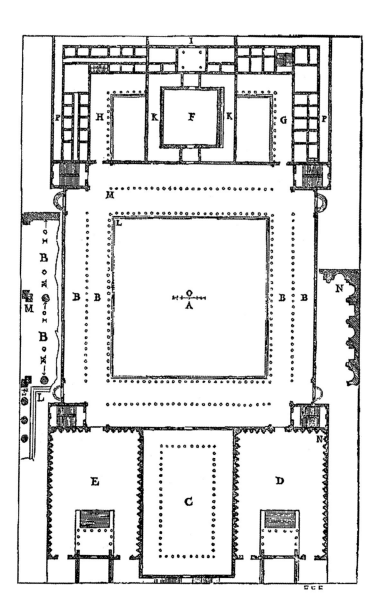

<u>052</u>

Tavola 15 : 3 - 34

그리스 광장 열주랑

입면도

기둥 사이의 간격은 기둥 지름의 1.5배이다.

<u>o</u>53

Tavola 16: 3–36

라틴 광장

평면도

로마인들의 광장은 그리스 광장에 비해
더 길쭉하다.

A: 원형 계단
B: 광장의 포르티코 출입구
C: 바실리카 옆 중정과 포르티코
D: 중요한 조합 모임용 공간
F: 비서관용 공간
G: 감옥
H: 광장의 포르티코 출입구
I: 바실리카 측면 출입구
K: 바실리카 옆 작은 중정의 포르티코 출
입구

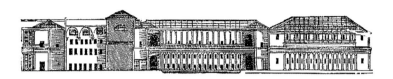

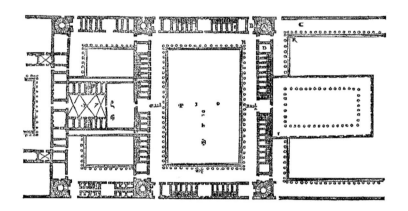

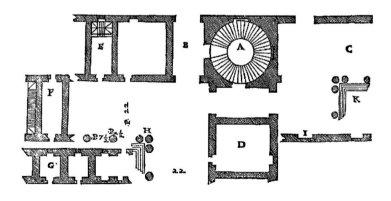

<u>054</u>

Tavola 17 : 3-37

라틴 광장 포르티코

입면도(부분)

기둥은 1층은 이오니아 양식이고, 2층은 코린
토스 양식이다.
기둥 사이의 간격은 기둥 지름의 2.25배로 그
리스 식보다 더 넓다.

<u>055</u>

Tavola 18 : 3-39

바실리카(공회당)

평면도

비트루비우스가 파노Fano에 세운 바실리카
(팔라디오의 추정).
바실리카는 고대 로마에서 법정, 상거래 등 여
러 가지의 공공행사가 이루어지던 공회당이
다. 일반적으로 직사각형 평면이며, 한쪽 끝
에 출입문이 있고 맞은편에는 법관이나 행정
관료의 좌석이 있는 반원형의 구조물 압시스
absis가 있었다. 바실리카는 로마 도시 중심인
포룸 안에 세워졌다.

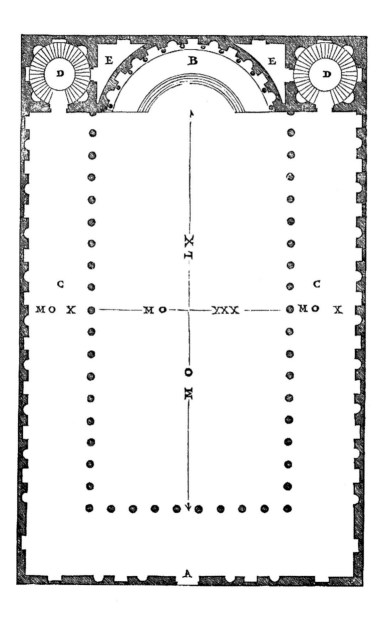

<u>056</u>

Tavola 19: 3-40

바실리카 내부

압시스 단면도 및 내부 부분 입면도

o57

Tavola 20 : 3-42

바실리카 팔라디아나Basilica Palladiana(팔라디오의 바실리카)

위치: 비첸차
건축 연도: 1549~1614년

입면도, 평면도

로마에서 고전 건축을 연구한 뒤 팔라디오는 비첸차 심장부에 있는 기존의 행정관청 건물을 개축하면서 외관을 완전히 새롭게 설계했는데, 고대 로마의 공공건물과 산소비노가 베네치아에 세운 산 마르코 도서관 외관에서 많은 영향을 받았다. 외관은 아치와 기둥으로 처리되어 개방된 느낌을 주며, 건물 내부로 더 많은 빛이 들어갈 수 있도록 했다. 1층은 이오니아 양식, 2층은 코린토스 양식의 기둥을 사용했다. 완공된 것은 팔라디오가 타계한 지 34년이 지난 다음이었다.

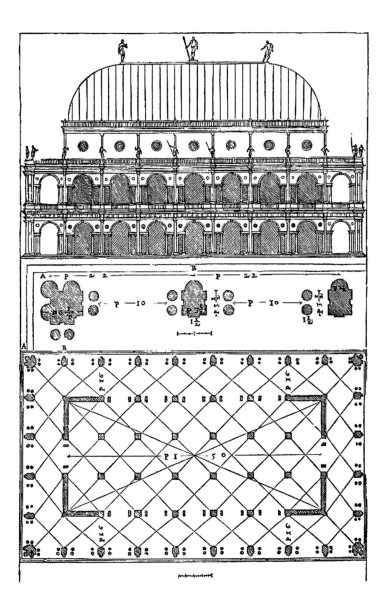

058

Tavola 21: 3-43

바실리카 팔라디아나

부분 확대 입면도

[제4권]

REGINA VIRTVS

I QVATTRO LIBRI
DELL'ARCHITETTVRA
Di Andrea Palladio.

Ne' quali, dopo un breue trattato de' cinque
ordini, & di quelli auertimenti, che sono
piu necessarij nel fabricare;
SI TRATTA DELLE CASE PRIVATE,
delle Vie, de i Ponti, delle Piazze, de i Xisti, es de' Tempij.
CON PRIVILEGI.

IN VENETIA,
Appresso Dominico de'
Franceschi.
1570.

<u>059</u>

Tavola 2 : 4 -013

평화의 신전

위치: 로마

건축 연도: 74~75년

평면도

베스파시아누스Vespasianus 황제가 유대전쟁
승리를 기념하고 로마제국이 건재하고 평화
가 도래했음을 홍보하기 위해 세운 신전이다.
베스파시아누스 황제는 콜로세움을 착공한
지 4년 뒤에 이를 착공했고 다음 해에 완공했
다. 현재 폐허로 남아 있다.

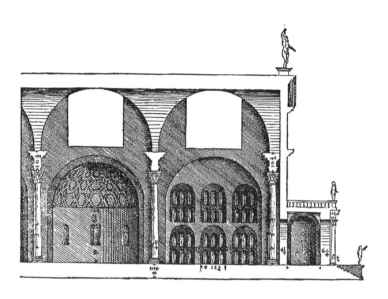

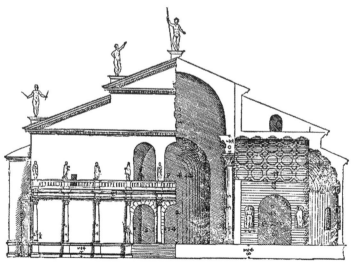

060

Tavola 3: 4 -014

평화의 신전

종단면도(부분)
입면 및 단면도

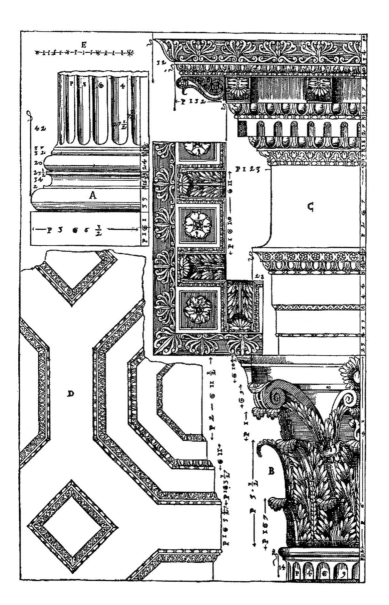

o61

Tavola 4 : 4 -o16

복수의 마르스 신전(아우구스투스 포룸)

위치: 로마
건축 연도: 기원전 25년경~기원후 2년

평면도, 입면도(부분 단면도)

아우구스투스 포룸은 가로 85미터, 세로 125
미터의 크기로 복수의 군신軍神 마르스Mars
에게 바친 신전이 중심을 이룬다. 이 신전은
율리우스 카이사르를 암살한 브루투스와 카
시우스의 군대를 격파한 것을 감사하여 군신
마르스에게 바친 것이다. 이 신전의 후면은 로
마의 인구 밀집 서민 지역이던 수부라Suburra
에서 발생하는 화재로부터 보호하기 위해 세
운 높은 '방화벽'에 붙어 있다. 현재 폐허로 남
아 있다.

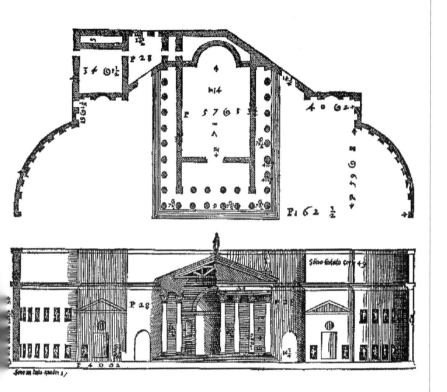

062

Tavola 5 : 4 -017

복수의 마르스 신전

포르티코 부분 종단면도와 평면도

<u>o63</u>

Tavola 6 : 4 -o18

복수의 마르스 신전

방화벽 및 포르티코 입면도(부분 평면도)

<u>064</u>

Tavola 7 : 4 - 019

복수의 마르스 신전

방화벽 및 포르티코 횡단면도(부분 평면도)

<u>065</u>

Tavola 8 : 4 - 020

복수의 마르스 신전

코린토스 양식 기둥 상세도

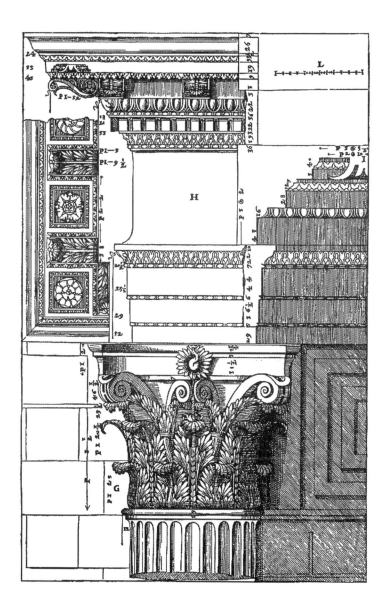

066

Tavola 9 : 4 - 021

복수의 마르스 신전

코린토스 양식 기둥 상세도

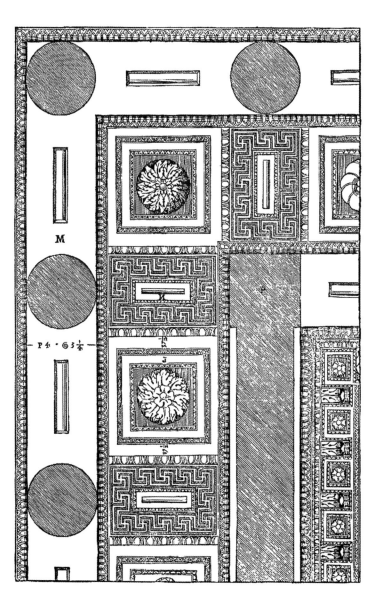

M

P 4 . ◎ 3 ¼

o67

Tavola II: 4-024

네르바 황제 신전

위치: 로마

건축 연도: 85~97년

부분 입면도

아우구스투스 포룸과 평화의 신전 사이 좁고
긴 대지 위에 세운 네르바 포룸의 신전이다.
네르바 포룸은 원래 도미티아누스 황제가 기
원후 85년에 착공했으나 암살당하는 바람에
네르바 황제가 기원후 97년에 완공했다.

068

Tavola 12 : 4 -025

네르바 황제 신전

포르티코 부분 단면도,
네르바 황제 신전 및 포룸 전체 평면도

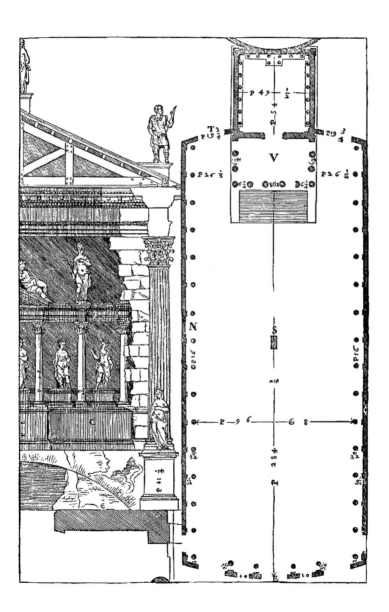

<u>069</u>

Tavola 13 : 4 -026

네르바 황제 신전

포르티코 단면도, 부분 평면도

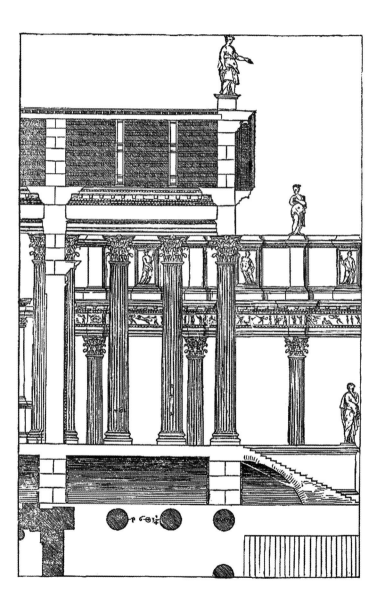

070

Tavola 15: 4-028

네르바 황제 신전

포르티코의 기둥 부분 상세도

071

Tavola 17 : 4 -031

안토니누스 황제와 파우스티나 황후 신전

위치: 로마

건축 연도: 141년

포르티코 측면 입면도, 부분 평면도

로마제국 최전성기를 통치한 안토니누스 Antoninus 황제가 타계한 황후 파우스티나를 위해 세운 신전으로 안토니누스 황제가 161년에 타계한 후 황제에게도 헌정되었다. 현재 그 자리에 성당이 세워져 있고, 신전의 기둥은 남아 있다.

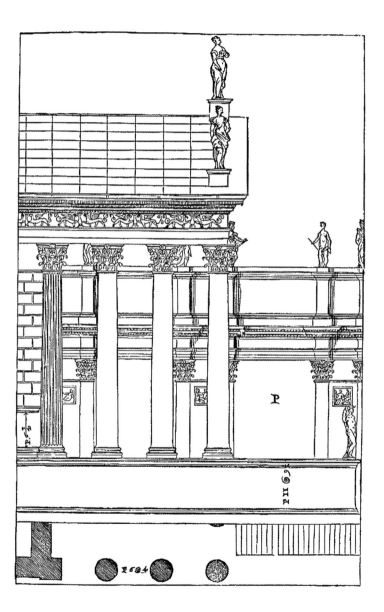

072

Tavola 18 : 4 - 032

안토니누스 황제와 파우스티나 황후 신전
울타리 벽과 포르티코 정면 입면도

부분 평면도

P 29 63¾

A

42 9 63½

2 20 ¾

42 6¼

Q

P 3 9

70

P 1

P 46½

P 8

B

P 11 63½

C

P 5 66

P 3 ¼

P 2

P 20

P 5 ¾

P 13 ½

073

Tavola 19: 4-033

안토니누스 황제와 파우스티나 황후 신전

전체 평면도

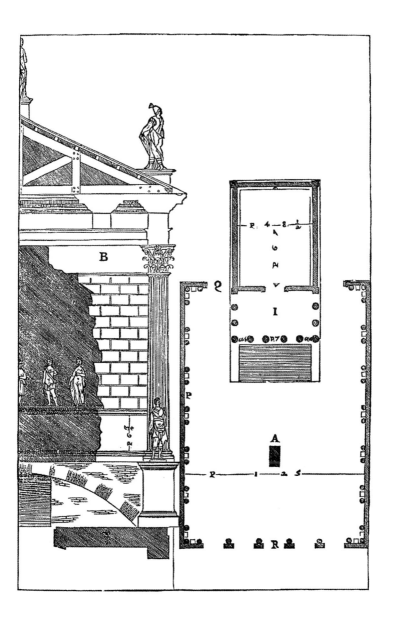

0<u>74</u>

Tavola 22 : 4-037

해와 달 신전

위치: 로마

건축 연대: 121~135년

평면도, 단면도, 정면 입면도

팔라디오가 말한 해와 달 신전은 베누스와 로
마Venus & Roma 신전을 말한다.
하드리아누스 황제에 의해 콜로세움 앞 언덕
에 세워진 로마 최대의 신전으로 특이한 점은
두 개의 독립된 신전이 붙어 있다는 것이다.

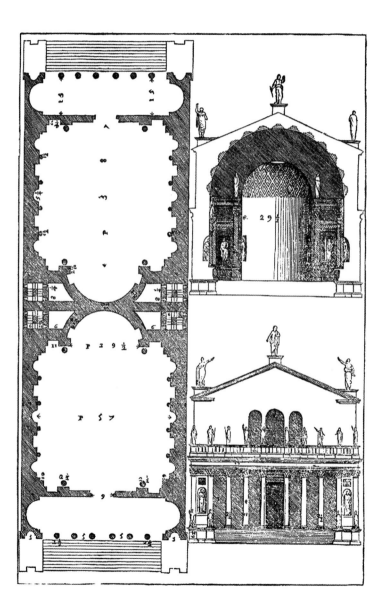

075

Tavola 23 : 4-038

해와 달 신전

천장 격자 장식
종단면도

<u>o</u>76

Tavola 3I: 4-o49

포르투나 비릴리스 신전
위치: 로마
건축 연대: 기원전 3~4세기

평면도

기원전 3~4세기에 테베레Tiberis 강변에 세
워졌고, 기원전 120~기원전 80년에 다시 세
워졌다. 로마에 남아 있는 신전 중 가장 오래
되었으며 원래 형태가 비교적 잘 보존되어
있다.
전면의 계단으로 신전 입구 포르티코로 오를
수 있다. 성소는 깊은 포르티코 뒤에 있으며
그 폭은 신전 전면의 폭과 같다. 포르티코의
이오니아 양식의 기둥만 독립적으로 세워져
있고 나머지 기둥들은 성소의 외벽에 장식적
으로 사용되었다.
1920년대에 이 신전은 '포르투누스 신전'으
로 밝혀졌다. 포르투누스Portunus는 항구의
신이다.

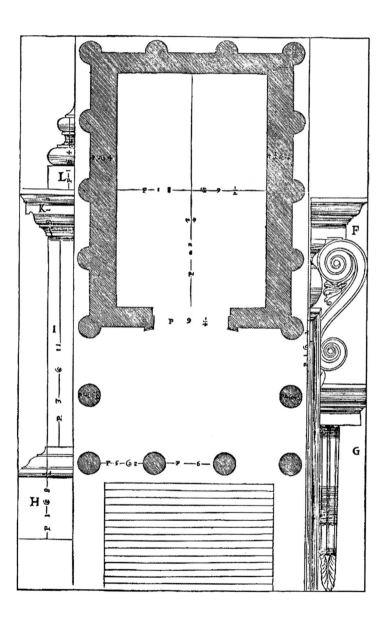

o<u>77</u>

Tavola 32 : 4 -050

포르투나 비릴리스 신전

입면도, 기둥 상세도

<u>078</u>

Tavola 33 : 4 - 051

포르투나 비릴리스 신전

포르티코 측면 입면도
코너 기둥머리 단면도

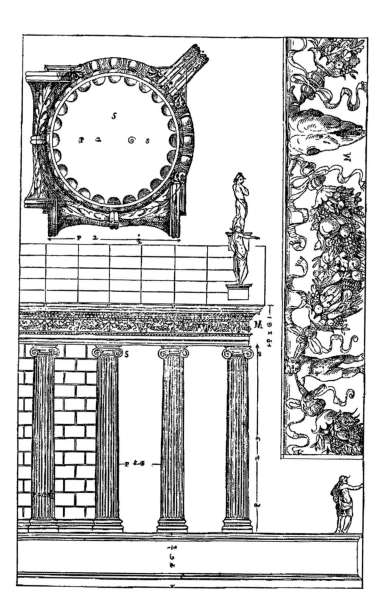

<u>079</u>

Tavola 34 : 4-052

베스타 신전 Aedes Vestae
위치: 로마
건축 연대: 기원전 2세기

평면도

포르투누스 신전 남쪽 코린토스 양식 기둥이
외관을 이루는 이 원형 신전은 원래 로마공화
정 시대에 세워졌다. 오랫동안 베스타 신전으
로 알려져 왔으나 19세기 초에 '승리자 헤라
클레스 신전'으로 밝혀졌다.

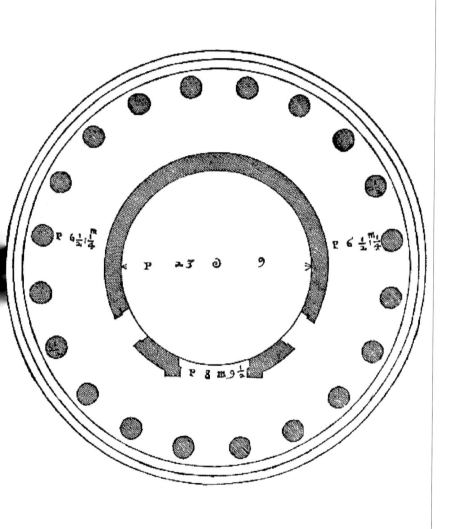

080

Tavola 35 : 4 - 053

베스타 신전

입면 및 단면도

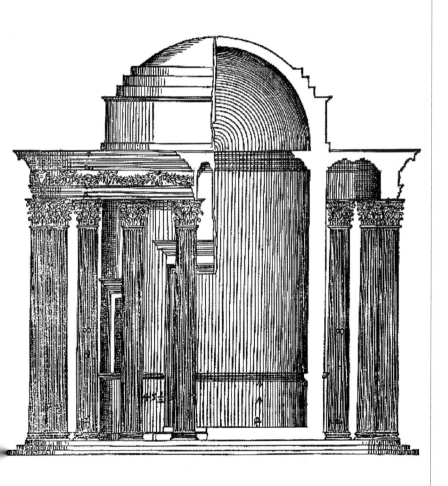

081

Tavola 36: 4-054

베스타 신전

코린토스 양식 기둥 및 기둥 상부 상세도

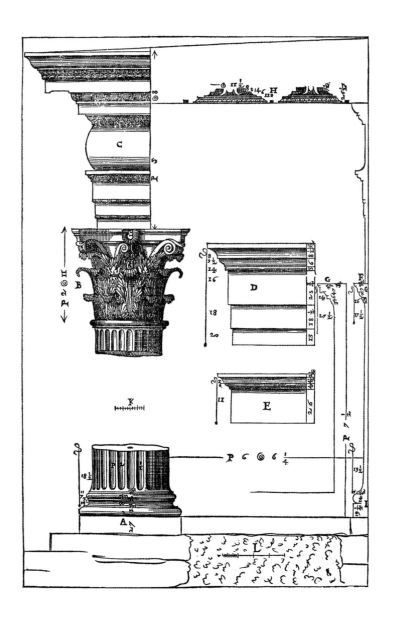

○82

Tavola 44 : 4-065

브라만테의 템피엣토(소신전)

위치: 로마
건축 연도: 1502년 추정

평면도

템피엣토는 로마에 세워진 최초의 르네상스 건축물로 브라만테가 베드로가 순교했다고 전해지는 곳에 세운 원형 경당이다. 크기가 작기 때문에 조각적인 성격이 매우 강하다. 남성적인 느낌을 주는 토스카나 양식의 기둥은 강인한 베드로의 모습을 상징하는 듯하다.

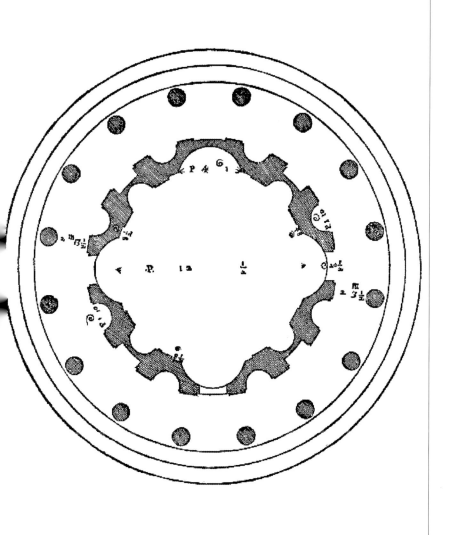

083

Tavola 45: 4-066

브라만테의 템피엣토

단면도 및 입면도

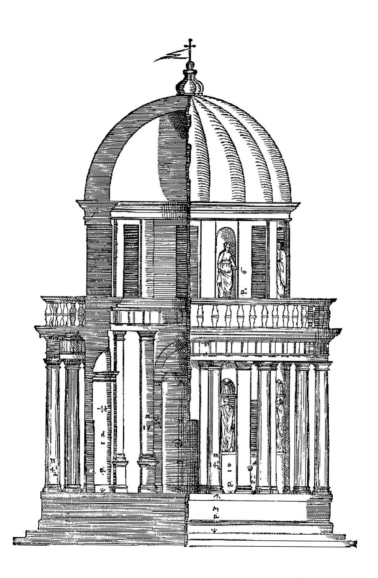

084

Tavola 51: 4-075

판테온
위치: 로마
건축 연도: 120~124년 추정

평면도

기원전 27년 아우구스투스 황제의 오른팔 아그립파가 세운 판테온을 대체하여 하드리아누스 황제가 완전히 새롭게 세운 신전이다. 전체적으로 신전 형태의 입구와 지름 43.3미터의 원통과 이를 덮는 거대한 돔으로 구성되어 있다. 돔 한가운데에 뚫린 지름 약 9미터의 구멍을 통하여 빛이 실내로 들어온다.
'모든 신을 위한 신전'이란 뜻의 판테온은 거의 2천 년이 지난 지금도 원래 모습 거의 그대로이다.

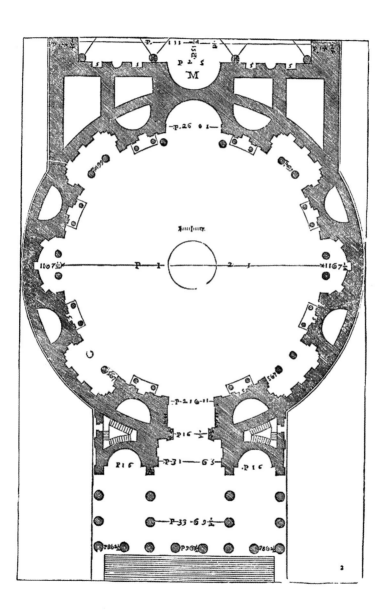

<u>085</u>

Tavola 52 : 4 -076

판테온

입면도

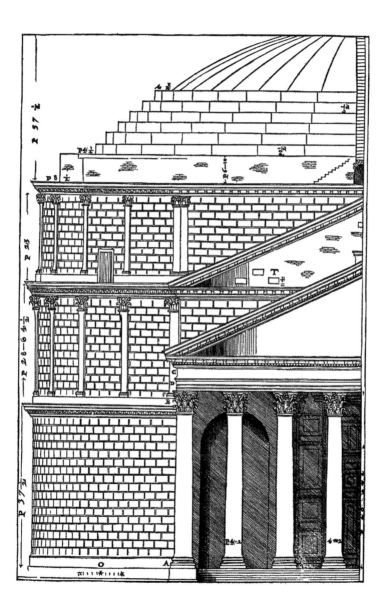

086

Tavola 53 : 4-077

판테온

포르티코 단면도

<u>087</u>

Tavola 54 : 4 -078

판테온

포르티코 측면 입면도

(부분 상세도 포함)

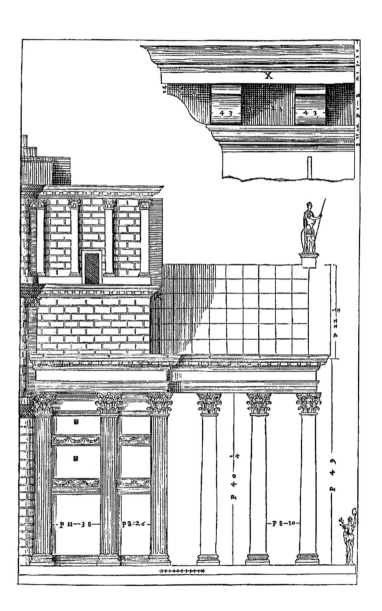

o88

Tavola 55: 4-079

판테온

포르티코 단면도

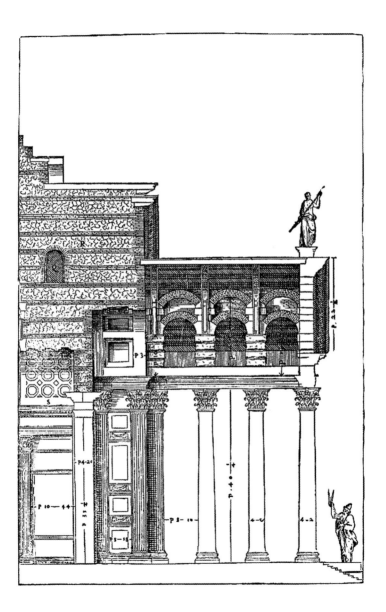

<u>089</u>

Tavola 56 : 4 -080

판테온

기둥 상세도

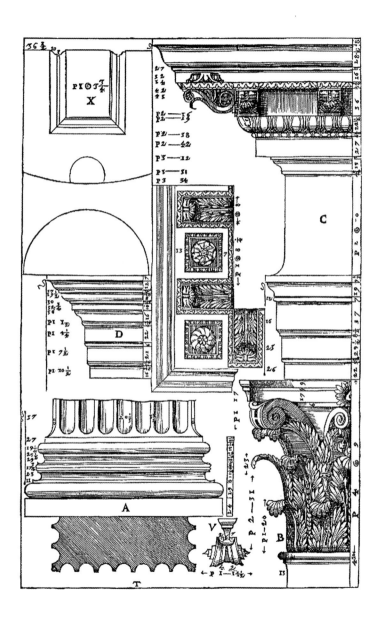

090

Tavola 57 : 4 – 081

판테온

단면도

091

Tavola 58: 4-082

판테온

내부 입면도(부분)

<u>092</u>

Tavola 61: 4-085

콘스탄티나Constantina **영묘**
위치: 로마
건축 연도: 340~345년

평면도

기독교를 공인한 콘스탄티누스 황제의 딸 콘
스탄티나('콘스탄짜'라고도 한다)를 위하여 세
운 거대한 영묘이다. 원형의 공간은 중앙 집중
식 초기 기독교 성전의 형태에 큰 영향을 주었
으며, 브라만테를 비롯한 르네상스 시대 건축
가들의 관심을 많이 끌었다.

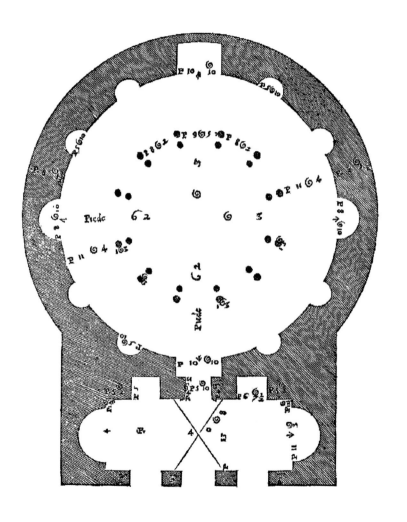

<u>093</u>

Tavola 62 : 4 -086

콘스탄티나 영묘

정면 입면도

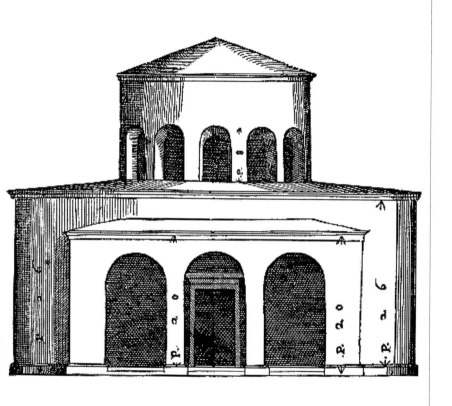

<u>094</u>

Tavola 63: 4-087

콘스탄티나 영묘

기둥 부분 상세도

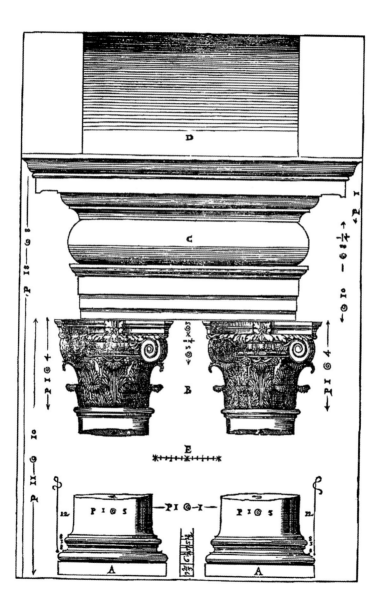

095

Tavola 65 : 4 -091

베스타 신전

위치: 티볼리Tivoli
건축 연대: 기원전 2세기

평면도

로마공화정 시대의 원형 신전이다. 하나의 계
단만으로 연결된 높은 기단 위에 세워져 있는
데, 이 계단은 성소의 입구와 바로 연결된다.
기둥은 코린토스 양식이다. 원래 모습을 어느
정도 짐작할 수 있을 정도의 폐허로 남아 있
다. 시빌라 신전이라고도 한다.

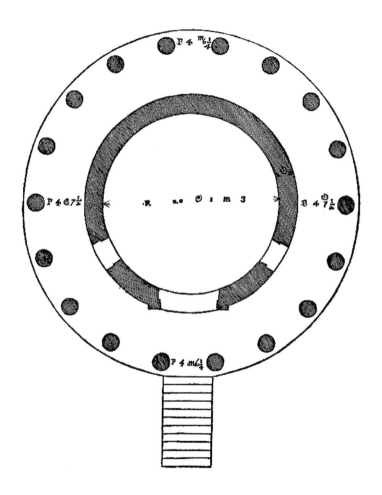

096

Tavola 66: 4 -092

베스타 신전

입면 및 단면도

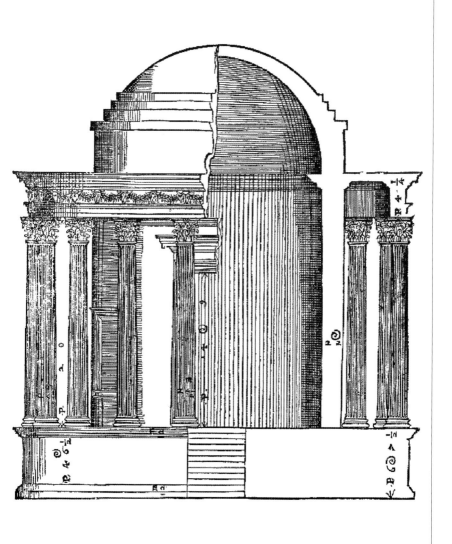

<u>097</u>

Tavola 67 : 4 -093

베스타 신전

기둥 장식 상세도

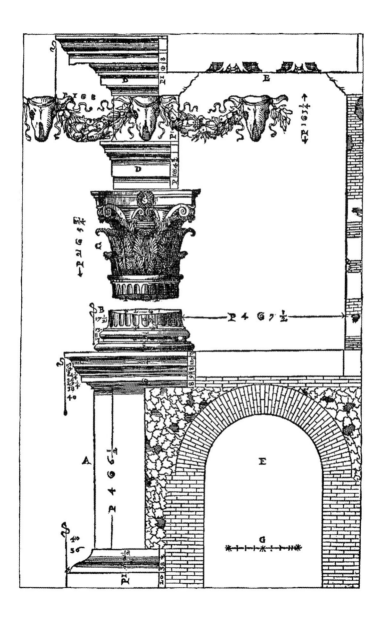

098

Tavola 81: 4-112

메종 카레Maison Carrée
위치: 님Nimes(프랑스)
건축 연도: 4~7년

평면도

아우구스투스 황제가 요절한 두 손자에게 바친 신전으로 비트루비우스가 논한 신전 건축의 좋은 예이다. 이 신전은 2.85미터 높이의 기단 위에 세워져 포룸 주변을 시각적으로 지배했다. 포르티코의 깊이는 신전 전체 길이의 거의 1/3에 해당한다. 현재 원래 모습이 잘 보존되어 있다.

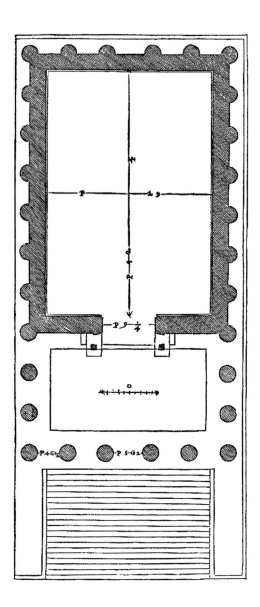

<u>099</u>

Tavola 82 : 4 - 113

메종 카레

정면 입면도

<u>100</u>

Tavola 83 : 4 -114

메종 카레

포르티코 측면 입면도

<u>IOI</u>

Tavola 84: 4-II5

메종 카레

기둥 부분 상세도

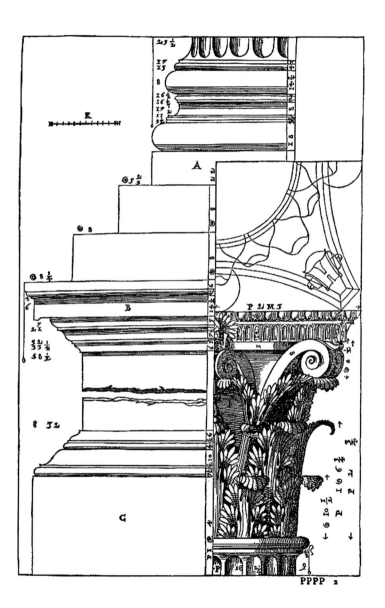

안드레아 팔라디오Andrea Palladio(1508~1580)

본명은 안드레아 디 피에트로 델라 곤돌라Andrea di Pietro della Gondola
이고 파도바에서 태어났다. 그는 15세부터 비첸차에서 석공과 장식
조각가로 훈련을 받고 활동하다가 비첸차의 귀족인 인문주의자 트리
씨노를 만나 비트루비우스의 《건축10서》를 접했고, 그의 후원으로
로마에서 고전 건축을 집중적으로 연구했으며, 이를 잘 해석하여 명
확하게 자신의 건축 언어로 표현했다.

비첸차로 돌아와 건축가로 활동하면서 명성을 얻자 비첸차뿐 아니라
베네치아의 귀족들로부터도 건축 의뢰를 많이 받아 베네토 지방에
수많은 전원 저택과 빌라를 설계했으며, 베네치아에서는 산 조르조
마조레 성당, 일 레덴토레 성당과 같은 중요한 성당도 설계했다.

특히 1570년에 저술한 《건축4서》는 최초의 대중적인 건축서가 되어
그의 명성을 더욱 더 높였으며 그의 영향은 국경과 시대를 넘어서게
되었다.

정태남

이탈리아 건축사이자 작가로 BAUM Architects(한국)와 Schiattarella
Associates(이탈리아) 등과 같은 건축회사들과 협업했으며, 건축 분
야 외에도 미술, 음악, 언어, 역사 등 여러 분야를 넘나들며 30년 이
상 로마에서 활동하면서 이탈리아뿐 아니라 유럽 전체의 역사와 문
화 전반에 심취하게 되었다. 이를 바탕으로 이탈리아를 비롯하여 유
럽 여러 나라의 도시와 문화에 대하여 국내 주요 매체에 기고하고 있
으며 여러 곳에서 강연도 하고 있다. 현재 ITCCK(주한 이탈리아 상공
회의소)와 《음악저널》의 고문이기도 하다.

저서로는 《건축으로 만나는 1000년 로마》, 《동유럽 문화도시기행》,
《이탈리아 도시기행》, 《유럽에서 클래식을 만나다》, 《로마 역사의 길
을 걷다》, 《매력과 마력의 도시 로마 산책》 등이 있다